主板维修技术

ZHUBAN WEIXIU JISHU

主　编　赵学斌　吴永强　张秀坚

副主编　魏　斌　李建勇　张鹏程　方承余
　　　　胡善淼　蒋代棋

参　编（排名不分先后）

李小平　熊亚明　何玉平　谭万孝

卢　娜　魏达军　王章尧　陈　渝

刘思廷　王　迁　王莉霞　张陶冶

周强生　王建云　谢承丹　张建华

马小乔　沈　燕　廖晓敏　张定平

石　健

主　审　曾祥富

重庆大学出版社

内容提要

本书全面、系统地介绍了计算机主板维修所涉及的技能要求和操作方法。主要内容包括计算机主板维修的技能要求、操作流程、电路图识读、元器件检测与替换，以及信号测量和各典型故障的实际维修方法。

本书通过大量来源于工作的实战案例，结合系统的分析、检测和故障检修流程，使学习者深入技能的锻炼之中，开拓思路和拓展事业，增长维修的经验。本书力求使读者在短时间内了解计算机主板的维修特点，并能够掌握实际的维修方法和技能技巧。

本书以国家职业技能标准为指导，适合作为中等职业技术学校电子电气及计算机类专业教材，也可作为电子、计算机及数码产品生产、调试、维修企业的岗位培训教材，还可供广大电子爱好者阅读。

图书在版编目（CIP）数据

主板维修技术/赵学斌，吴永强，张秀坚主编.--
重庆：重庆大学出版社,2022.3
ISBN 978-7-5689-3071-0

Ⅰ.①主… Ⅱ.①赵… ②吴… ③张… Ⅲ.①计算机
主板—维修—中等专业学校—教材 Ⅳ.①TP332.06

中国版本图书馆CIP数据核字（2021）第248824号

主板维修技术

主 编：赵学斌 吴永强 张秀坚
副主编：魏 斌 李建勇 张鹏程
　　　　方承余 胡善淼 蒋代棋
策划编辑：陈一柳

责任编辑：谭 敏 版式设计：陈一柳
责任校对：刘志刚 责任印制：赵 晟

*

重庆大学出版社出版发行
出版人：饶帮华
社址：重庆市沙坪坝区大学城西路21号
邮编：401331
电话：（023）88617190 88617185（中小学）
传真：（023）88617186 88617166
网址：http://www.cqup.com.cn
邮箱：fxk@cqup.com.cn（营销中心）
全国新华书店经销
重庆五洲海斯特印务有限公司印刷

*

开本：787mm×1092mm 1/10 印张：12.25 字数：233千
2022年3月第1版 2022年3月第1次印刷
ISBN 978-7-5689-3071-1 定价：55.00元

编委会

对于普通计算机用户和主板检修技能的初学者而言，主板的构成复杂、集成度高，出现故障后检修难度大，似乎主板检修技能是一项不易学习和掌握的技能。但对于掌握了主板检修技能的硬件维修工程师而言，大部分主板故障是能够较快地通过常规的检修操作流程排除的。主板检修技能是一项综合技能，涉及的相关理论知识和检修操作技术较多，必须不断地进行理论学习和亲身实践，才能逐渐掌握和稳步提升。

针对主板检修技能的特点，本书对主板的系统架构、硬件工作原理及各种参数，主板供电电路、时钟电路、复位电路、常见电子元器件及常用检修工具等相关知识，进行了全面的讲解，使初学者能够尽快掌握主板检修的相关理论知识。

故障分析能力是主板检修技能的核心，也是相对不易掌握的能力。为了能够有效提高读者对主板故障的分析能力，本书列举了大量的主板检修实例，其中包括检修操作步骤、故障分析和排除过程。

本书共 11 章，内容包括主板维修常用工具的认识、电子元器件的认识及判定、认识主板、主板测试、主板开机电路故障分析及维修方法、主板供电电路故障分析及维修方法、主板复位电路故障分析及维修方法、主板 BIOS 与 CMOS 电路故障分析及维修方法、主板 I/O 接口故障分析及维修方法、常见主板故障及维修方法、常见故障代码维修流程。

本书具有以下特点：

1.通俗易懂，图文并茂，在内容安排上，从主板检修技能的理论知识到检修实例，丰富翔实。在文字叙述中插入大量的实物图和电路图进行对照，使讲解更加直观，通俗易懂。

2.循序渐进，实用性强。本书从整体的理论概括到具体的检修实例，层层递进，逐一剖析，使学习过程循序渐进。在重点内容的阐述上深入浅出、突出要点，使本书具有较强实用性。

本书由赵学斌、吴永强、张秀坚担任主编，魏斌、李建勇、张鹏程、方承余、胡善淼、蒋代棋担任副主编，曾祥富担任主审，李小平、熊亚明、何玉平、谭万孝、卢娜、魏达军、王章尧、陈渝、刘思廷、王迁、王莉霞、张陶冶、周强生、王建云、谢承丹、张建华、马小乔、沈燕、廖晓敏、张定平、石健参与编写。赵学斌、魏斌共同编写第一章，张秀坚、李建勇共同编写第二章，张鹏程、方承余共同编写第三章，李小平、熊亚明共同编写第四章，何玉平、谭万孝、石健共同编写第五章，沈燕、卢娜、魏达军共同编写第六章，王章尧、陈渝、廖晓敏共同编写第七章，张建华、刘思廷、王迁共同编写第八章，王莉霞、周强生、张定平共同编写第九章，张陶冶、王建云、谢承丹共同编写第十章，马小乔、胡善淼、蒋代棋共同编写第十一章。全书由吴永强统稿。

由于编写水平有限，书中难免存在疏漏和不足之处，恳请广大读者朋友批评指正。

2021 年 9 月

编者

目
Contents 录

第一章　主板维修常用工具的认识

主板维修常用工具主要有万用表、示波器、电烙铁、热风焊台、主板故障诊断卡等。

第一节　万用表

万用表又叫多用表、三用表，是一种多功能、多量程的测量仪表，一般可测量直流电压、交流电压、电阻、电容、电感及半导体元器件的一些参数（如放大倍数β）。万用表是共用一个表头，集电压表、电流表和欧姆表于一体的仪表。万用表有很多种，传统的有指针万用表，现在最流行数字万用表，如图 1-1 所示。

（a）数字万用表　　　　　　　（b）指针万用表

图 1-1　万用表

一、数字万用表

数字万用表的测量值由液晶显示屏直接以数字的形式显示，读取方便，有些还带有语音提示功能。

数字万用表在万用表的下方有一个挡位旋钮，旋钮所指的是测量的挡位。数字万用表的挡位主要有以下几种："V～"表示测量交流电压的挡位；"V–"表示测量直流电压的挡位；"A～"表示测量交流电流的挡位；"A–"表示测量直流电流的挡位；"Ω"表示测量电阻的挡位；"HFE"表示测量三极管的挡位；"F"表示测量电容的挡位。

数字万用表的红表笔接外电路正极（VΩ），黑表笔接外电路负极（COM）。数字万用表的使用方法如下：

1. 直流电压的测量（如电池）

①将黑表笔插进万用表的"COM"孔，红表笔插进万用表的"VΩ"孔。

②接着把万用表的挡位旋钮打到直流挡"V–"，然后将挡位旋钮调到比估计值大的量程（注意：表盘上的数值为最大量程）。

③把表笔接电源或电池两端，并保持接触稳定。

④从显示屏上直接读取测量数值，若测量数值显示为"1"，则表明量程太小，要加大量程后再测量。如果在数值左边出现"–"，则表明表笔极性与实际电源极性相反，此时红表笔接的是负极。

2. 交流电压的测量

①将黑表笔插进万用表的"COM"孔，红表笔插进万用表的"VΩ"孔。

②把万用表的挡位旋钮打到直流挡"V～"，然后将挡位旋钮调到比估计值大的量程（注意：表盘上的数值为最大量程）。

③把万用表接到电源的两端（交流电压无正负之分），然后从显示屏上读取测量数值。

提示

无论是测量交流电压还是直流电压，都要注意人身安全，不要随便用手触摸表笔的金属部分。

3. 直流电流的测量

①将黑表笔插入万用表的"COM"孔，若测量的电流大于 200 mA，则将红表笔插入"A"插孔并将挡位旋钮打到直流"A"挡；若测量电流小于 200 mA，则将红表笔插

入"mA"插孔，同时也将挡位旋钮打到"mA"挡。

②将挡位旋钮调到直流挡合适的位置，调整后开始测量，将万用表串联到电路保持稳定。

③从显示屏上读取测量数据，若显示为"1"，则表明量程太小，需要加大量程后再测量。

4. 交流电流的测量

测量方法与直流电流的测量基本相同，不过挡位应该打到交流挡（A～），电流测量完毕后应将红表笔插回"VΩ"孔。

5. 电阻的测量

①将黑表笔插进万用表的"COM"孔，红表笔插进万用表的"VΩ"孔。

②把挡位旋钮调到"Ω"中所需的量程，用表笔接在电阻两端的金属部位，测量中可以用手接触电阻，但不要同时接触电阻两端，这样会影响测量的精确度（人体是电阻很大的导体）。

③保持表笔和电阻接触良好的同时，开始从显示屏上读取测量数据。

6. 二极管的测量

数字万用表可以测量发光二极管、整流二极管，测量方法如下：

①将黑表笔插进万用表的"COM"孔，红表笔插进万用表的"VΩ"孔。

②将挡位旋钮调到 HFE 挡。

③用红表笔接二极管的正极，黑表笔接负极，这时会显示二极管的正向压降：硅二极管的压降为 0.5～0.7 V；锗二极管的压降为 0.15～0.3 V；发光二极管的压降为 1.8～2.3 V。调换表笔，显示屏显示"1"则为正常（因为二极管的反向电阻很大），如果显示其他数字说明此二极管已被击穿。

7. 三极管的测量

①将黑表笔插进万用表的"COM"孔，红表笔插进万用表的"VΩ"孔。

②将挡位旋钮调到 HFE 挡。

③将红表笔固定到任意一个脚上，黑表笔依次接触另外两个脚，如果两次测出的值为"0.7 V"左右或显示溢出符号"1"，则红表笔所接的脚是基极。若显示一次"0.7 V"左右，另一次显示溢出符号"1"时，则说明红表笔接的不是基极，此时应更换其他脚重复测量，直到判断出基极"b"为止。同时可知：两次测量显示的结果为"0.7 V"左右的三极管是 NPN 型；两次测量显示的是溢出符号"1"的三极管是 PNP 型。

以 NPN 型三极管为例。将万用表打到"Ω"挡，把红表笔接到假设的集电极"c"上，黑表笔接到假设的发射极"e"上，并且用手握住 b 极和 c 极（b 极和 c 极不能直接接触），通过人体，相当于在 b，c 之间接入偏置电阻。读出万用表所示 c，e 间的电阻值，然后将红、黑表笔反接重测。若第一次阻值比第二次阻值小（第二次阻值接近于无穷大）说明原假设成立，即红表笔所接的是集电极 c，黑表笔接的是发射极 e。

二、万用表在维修中的应用

万用表在维修主板中是较常用、较简单方便的检测工具，万用表在维修中的应用主要有以下几种：

①用万用表测量元器件的电阻值，判断这些元器件是否损坏。

②用万用表测量电路有无短路或漏电，防止烧坏其他元器件。

③用万用表测量二极管、三极管、集成电路以及其他疑似有故障的元器件对地阻值，进而查找出有故障的元器件。

④用万用表测量有故障主板上元器件的"压降"，然后与正常主板该部分的"压降"相比较，可以快速有效地判断元器件的好坏及周围电路是否正常。

⑤用万用表测量三极管偏置电路的电压情况判断三极管的好坏（如 e-b 间无正向偏压或 b-c 间无反向偏压，则该三极管的发射极或集电极已被击穿或偏置电路有故障）。

⑥用万用表测量交流电压判断脉冲信号的有无。

第二节 示波器

示波器是利用电子示波管的特性，将人眼无法直接观测的交变电信号转换成图像，显示在荧光屏上以便测量的电子测量仪器。它是观察数字电路实验现象，分析解释实验中的问题，测量实验结果必不可少的重要仪器。示波器主要由示波管、电源系统、同步系统、X 轴偏转系统、Y 轴偏转系统、延迟扫描系统及标准信号源组成，如图 1-2 所示。

一、示波器的分类

示波器主要的功能是观察和测量电信号的波形，不但能观察到电信号的动态过程，

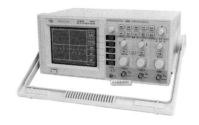

图 1-2   示波器

而且还能定量地测量电信号的各种参数，如交流电的周期、幅度、频率、相位等。在测试脉冲信号时，响应非常迅速，而且波形清晰可辨。另外，还可以将非电信号转换成电信号，用来测量温度、湿度、压力等。因此它的用途非常广泛。

示波器的种类很多，按特点和用途可以分为以下几类。

①通用示波器：采用单束示波管，应用示波器基本原理，进行定性、定量的测量与分析。

②多束示波器：采用多束示波管或单束示波管加电子切换开关进行测量，能同时观测两个以上的信号。前者称为多线示波器，后者称为多踪示波器。

③取样示波器：采用取样技术，将高频信号转换为低频信号进行测量，可扩展 Y 通道带宽，达 100 MHz 以上。

④记忆示波器：采用记忆示波管，具有存储信号的能力。

⑤特性示波器：能满足特殊要求或特殊装置的示波器，如矢量示波器、高压示波器、螺旋扫描示波器、示波表等。

⑥数字存储示波器：将被测信号经 A/D 进行数字化转换，然后写入存储器中，需读出时，再经 D/A 转换还原为原来的波形，在示波管上显示出来。

⑦逻辑示波器（逻辑分析仪）：主要用于信号逻辑时间关系的分析，与通用示波器相比具有通道数多、存储容量大、可多通道逻辑信号组合触发、数据处理及多种显示方式等特点。

二、示波器的基本操作

1. 荧光屏

荧光屏是示波管的显示部分。屏的水平方向和垂直方向上各有多条刻度线，指示出信号波形的电压和时间之间的关系，水平方向指示时间，垂直方向指示电压。水平方向分为 10 格，垂直方向分为 8 格，每格又分为 5 份。垂直方向标有 0%、10%、

90%、100% 等标志，水平方向标有 10%、90% 标志，供测直流电平、交流信号幅度、延迟时间等参数时使用。根据被测信号在屏幕上占的格数乘以适当的比例常数（V/DIV、TIME/DIV）能得出电压值与时间值。

2. 电源开关（Power）按钮

此按钮是示波器主电源开关，当按钮按下时，电源指示灯亮，表示电源接通。

3. 辉度（Intensity）旋钮

旋转此旋钮能改变光点和扫描线的亮度。观察低频信号可将亮度调小些，观察高频信号可将亮度调大些，一般不应调太亮以保护荧光屏。

4. 聚焦（Focus）旋钮

它用于调节电子束截面大小，将扫描聚焦成最清晰状态。

5. 标尺亮度（Illuminance）旋钮

此旋钮用于调节荧光屏后面的照明灯亮度，室内光线正常时，照明灯可暗一些；室内光线不足时，可适当调亮照明灯。

6. 垂直偏转因数（VOLTS/DIV）旋钮

在单位输入信号作用下，光点在屏幕上偏移的距离称为偏移灵敏度，这一定义对 X 轴和 Y 轴都适用。灵敏度的倒数称为偏转因数。垂直灵敏度的单位为 cm/V、cm/mV 或者 DIV/mV、DIV/V；垂直偏转因数的单位是 V/cm、mV/cm 或者 V/DIV、mV/DIV。习惯上，为了方便测量电压读数，有时也把垂直偏转因数作为灵敏度。

示波器中每个通道各有一个垂直偏转因数选择波段开关，一般按 1、2、5 方式将 5 mV/DIV ～ 5 V/DIV 分为 10 挡。波段开关指示的值代表荧光屏上垂直方向一格的电压值。例如，波段开关置于 1V/DIV 挡时，如果屏幕上信号光点移动一格则代表输入信号电压变动 1 V。

每个波段开关上都有一个微调小旋钮，用于微调每挡垂直偏转因数。将它沿顺时针方向旋到底，处于"校准"位置，此时垂直偏转因数值与波段开关所指示的值一致。逆时针旋转此旋钮，能够微调垂直偏转因数。垂直偏转因数微调后，会造成与波段开关的指示值不一致，这点应引起注意。

7. 时基（TIME/DIV）旋钮

它的使用方法与垂直偏转因数旋钮类似。时基选择也通过一个波段开关实现，按 1、2、5 的方式把时基分为若干挡。波段开关的指示值代表光点在水平方向移动一格的时间值。例如在 1 μs/DIV 挡，光点在屏上移动一格代表时间值 1 μs。

时基旋钮上有一个微调小旋钮，用于时基校准和微调。沿顺时针方向旋转到底处于校准位置时，屏幕上显示的时基值与波段开关所指示的标称值一致；逆时针旋转旋钮，则对时基微调。旋钮拔出后处于扫描扩展状态。通常为 ×10 扩展，即水平灵敏度扩大 10 倍，时基缩小到 1/10。例如 2 μs/DIV 挡，扫描扩展状态下荧光屏上水平一格代表时间值为 2 μs×（1/10）=0.2 μs。

TDS 实验台上有 10 MHz、1 MHz、500 kHz、100 kHz 的时钟信号，由石英晶体振荡器和分频器产生，准确度很高，可用来校准示波器的时基。

示波器的标准信号源（CAL），专门用于校准示波器的时基和垂直偏转因数。

8. 位移（Position）旋钮

此旋钮用于调节信号波形在荧光屏上的位置。旋转水平位移旋钮（标有水平双向箭头）左右移动信号波形，旋转垂直位移旋钮（标有垂直双向箭头）上下移动波形。

9. 选择输入通道

输入通道至少有 3 种选择方式：通道 1（CH1）、通道 2（CH2）、双通道（DUAL）。选择通道 1 时，示波器仅显示通道 1 的信号；选择通道 2 时，示波器同样只显示通道 2 的信号；选择双通道时，示波器同时显示通道 1 和通道 2 的信号。

测试信号时，首先要将示波器的地与被测电路的地连接在一起，根据输入通道的选择，将示波器探头插到相应通道插座上；然后再将示波器探头上的地与被测电路的地连接在一起，示波器探头接触被测点。示波器探头上有一个双位开关。将开关拨到"×1"位置上，被测信号无衰减送到示波器，从荧光屏上读出的电压值是信号的实际电压值；将开关拨到"×10"位置时，被测信号衰减为 1/10，然后送往示波器，从荧光屏上读出的电压值乘以 10 才是信号的实际电压值。

10. 选择输入耦合方式

输入耦合方式有 3 种选择：交流（AC）、地（GND）、直流（DC）。

当选择"地"时，扫描显示出"示波器地"在荧光屏上的位置；直流耦合用于测定信号直流绝对值和观测极低频信号；交流耦合用于观测交流和含有直流成分的交流信号。在数字电路实验中，一般选择"直流"方式，以便观测信号的绝对电压值。

11. 触发源（Source）选择

要使屏幕上显示稳定的波形，则需要将被测信号本身或者与被测信号有一定时间关系的触发信号加到触发电路。触发源选择确定触发信号由何处供给。通常有 3 种触发源：内触发（INT）、电源触发（LINE）、外触发（EXT）。

①内触发：使用被测信号作为触发信号，是经常使用的一种触发方式。由于触发信号本身是被测信号的一部分，因此在屏幕上可以显示出非常稳定的波形。双踪示波器中通道 1 或通道 2 都可以选作触发信号。

②电源触发：使用交流电源频率信号作为触发信号。这种方法在测量与交流电源频率有关的信号时是有效的。特别在测量音频电路时更有效。

③外触发：使用外加信号作为触发信号，外加信号从外触发输入端输入。外触发信号与被测信号间应具有周期性的关系。由于被测信号没有用作触发信号，因此何时开始扫描与被测信号无关。

示波器触发信号的选择会在很大程度上影响示波器波形的显示。例如，在数字电路的测量中，对一个简单的周期信号而言，选择内触发可能好一些，而对于一个具有复杂周期的信号，且存在一个与它有周期关系的信号时，选用外触发可能更好。

12. 选择触发耦合（Coupling）方式

触发信号到触发电路的耦合方式有很多，目的是使触发信号稳定、可靠。触发耦合方式主要有 AC 耦合、直流耦合、低频抑制（LFR）触发、高频抑制（HFR）触发和电视同步（TV）触发。

①AC 耦合：又称电容耦合，它只允许用触发信号的交流分量触发，触发信号的直流分量被隔断。通常在不考虑直流分量时使用这种耦合方式，以形成稳定触发。但是如果触发信号的频率小于 10 Hz，会造成触发困难。

②直流耦合（DC）：为不断触发信号的直流分量。当触发信号的频率较低或者触发信号的占空比很大时，使用直流耦合较好。

③低频抑制（LFR）：触发时，触发信号经过高通滤波加到触发电路，触发信号的低频成分被抑制。

④高频抑制（HFR）：触发时，触发信号经过低通滤波加到触发电路，触发信号的高频成分被抑制。

⑤电视同步（TV）：触发用于电视维修。

13. 触发电平（Level）旋钮

触发电平调节又称同步调节，它使得扫描与被测信号同步。电平调节旋钮用于调节触发信号的触发电平。一旦触发信号超过设定的触发电平时，扫描即被触发。顺时针旋转旋钮，触发电平上升；逆时针旋转旋钮，触发电平下降。当触发电平旋钮调到电平锁定位置时，触发电平自动保持在触发信号的幅度之内，不需要触发电平调节就能产生一个稳定的触发。当信号波形复杂，用触发电平旋钮不能稳定触发时，用释抑（Hold）旋钮调节波形的释抑时间（扫描暂停时间），能使扫描与波形稳定同步。

14. 触发极性（Slope）开关

触发极性开关用来选择触发信号的极性。拨在"+"位置时，在信号增加的方向上，当触发信号超过触发电平时就产生触发。触发极性和触发电平共同决定触发信号的触发点。

15. 选择扫描方式（SweepMode）

扫描方式有自动（Auto）、常态（Norm）和单次（Single）3种。

①自动：当无触发信号输入，或者触发信号频率低于50 Hz时，扫描为自激方式。

②常态：当无触发信号输入时，扫描处于准备状态，没有扫描线。触发信号到来后，触发扫描。

③单次：单次按钮类似复位开关。单次扫描方式下按单次按钮时，扫描电路复位，此时准备（Ready）灯亮。触发信号到来后产生一次扫描，单次扫描结束后，准备灯灭。单次扫描用于观测非周期信号或者单次瞬变信号，往往需要对波形拍照。

三、示波器的使用及注意事项

1. 用示波器测量交流电压

①将输入耦合开关置于"AC"位置（扩展控制开关未拉出），将交流信号从Y轴输入，这样就能测量信号波形的峰 - 峰间或某两点间的电压幅值。

②从屏幕上读出波形的峰 - 峰间所占的格数，将它乘以伏/度选择开关的挡位，即可计算出被测信号的交流电压值。若将扩展控制开关拉出，则再除以5。

2. 用示波器测量频率和周期

①首先将输入耦合开关置于"AC"位置。

②观察屏幕上信号波形一个周期内在水平方向上所占的格数，则信号的周期为扫描时间选择开关的挡位与格数的乘积，信号的频率为周期的倒数。当扩展旋钮被拉出时，上述计算的周期应除以10。

3. 使用注意事项

①测试前，应先估算被测信号的幅度大小，若不明确，应将示波器的伏/度选择开关置于最大挡，避免因电流过大而损坏示波器。

②在测量小信号波形时，由于被测信号较弱，示波器上显示的波形就不容易同步。

这时，可采取以下两种方法加以解决：第一，仔细调节示波器上的触发电平控制旋钮，使被测信号稳定和同步。必要时，可结合调整扫描微调旋钮，但应注意，调节该旋钮，会使屏幕上显示的频率读数发生变化（逆时针旋转扫描因数扩大2.5倍以上），给计算频率造成一定困难。一般情况下，应将此旋钮顺时针旋转到底，使之位于校正位置（CAL）。第二，使用与被测信号同频率（或整数倍）的另一强信号作为示波器的触发信号，该信号可以直接从示波器的第二通道输入。

③示波器工作时，周围不要放一些大功率的变压器，否则，测出的波形会有重影或噪波干扰。

④示波器可作为高内阻的电流电压表使用，手机电路中有一些高内阻电路，若使用普通万用表测电压，由于万用表内阻较低，测量结果会不准确，而且还可能会影响被测电路的正常工作。而示波器的输入阻抗比万用表的输入阻抗高得多，使用示波器直接输入方式，先将示波器输入接地，确定好示波器的零基线，就能方便地测量被测信号的直流电压。

第三节　电烙铁

电烙铁是熔解锡进行焊接的工具，使用时只要将电烙铁头对准需焊接的元器件焊接即可，如图1-3所示为电烙铁。

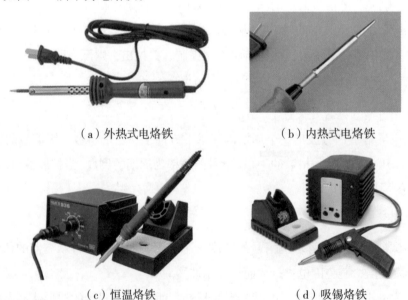

（a）外热式电烙铁　　　　　　　（b）内热式电烙铁

（c）恒温烙铁　　　　　　　　（d）吸锡烙铁

图1-3　电烙铁

电烙铁的使用方法

一、电烙铁的种类

电烙铁的种类比较多，常用的分为外热式、内热式、恒温式、吸锡式等几种。

1. 外热式电烙铁

外热式电烙铁一般由烙铁头、烙铁芯、外壳、手柄、插头等部分组成。烙铁头安装在烙铁芯内，用热传导性好的铜为基体的铜合金材料制成。烙铁头的长短可以调整（烙铁头越短，烙铁头的温度就越高），且有凿式，圆面形，圆、尖锥形和半圆沟形等不同的形状，以适应不同焊接面的需要。

2. 内热式电烙铁

内热式电烙铁由连接杆、手柄、弹簧夹、烙铁芯、烙铁头（也称铜头）5 个部分组成。烙铁芯安装在烙铁头的里面（发热快，热效率高达 85 ％ 以上）。烙铁芯采用镍铬电阻丝绕在瓷管上制成，一般 20 W 电烙铁其电阻为 2.4 kΩ 左右，35 W 电烙铁其电阻为 1.6 kΩ 左右。常用内热式电烙铁的工作温度列于表 1-1。

表 1-1　常用内热式电烙铁的工作温度

烙铁功率 /W	20	25	45	75	100
端头温度 /℃	350	400	420	440	455

一般来说，电烙铁的功率越大，热量越大，烙铁头的温度越高。焊接集成电路、印制线路板、CMOS 电路一般选用 20 W 内热式电烙铁。使用的烙铁功率过大，容易烫坏元器件（一般二极管、三极管结点温度超过 200 ℃ 时就会烧坏）和使印制导线从基板上脱落；使用的烙铁功率太小，焊锡不能充分熔化，焊剂不能挥发出来，焊点不光滑、不牢固，易产生虚焊。焊接时间过长，也会烧坏器件，一般每个焊点在 1.5 ~ 3 s 内完成。

3. 恒温式电烙铁

恒温电烙铁的烙铁头内，装有磁铁式的温度控制器来控制通电时间，实现恒温的目的。在焊接温度不宜过高、焊接时间不宜过长的元器件时，应选用恒温电烙铁，但它价格较高。

4. 吸锡式电烙铁

吸锡式电烙铁是将活塞式吸锡器与电烙铁融为一体的拆焊工具，它具有使用方便、灵活、适用范围宽等特点。不足之处是每次只能对一个焊点进行拆焊。

二、焊锡材料

焊锡材料是由锡铅合金及一定量的活性焊剂按一定比例配置而成的，一般锡占63%，铅占37%，焊锡的液化温度在400 ℃（750 ℉）以下。常见的焊锡材料有锡条、锡丝、锡膏等几种，如图1-4所示。

图1-4　焊锡

三、助焊剂

助焊剂主要用于清除被焊物表面的氧化层，以使被焊物和焊锡很好地结合。因为被焊物必须有一个完全无氧化层的表面才可与焊锡结合，而在电焊时金属一旦暴露于空气中会生成氧化层，这种氧化层无法用传统溶剂清洗，必须依赖助焊剂与氧化层起化学作用，才能将氧化层清洗干净。

常见的助焊剂主要有无机助焊剂、有机酸助焊剂、松香助焊剂等几种，其中松香助焊剂在手工焊接时比较常用，如图1-5所示。

图1-5　助焊剂

四、电烙铁的使用

焊接技术是一项无线电爱好者必须掌握的基本技术，需要多练习才能熟练掌握，下面具体讲解电烙铁的使用方法。

①把焊盘和元器件的引脚用细砂纸打磨干净，涂上助焊剂。

②将电烙铁烧热，待刚刚能融化焊锡时，涂上助焊剂，再用焊锡均匀地涂在烙铁头上，使烙铁头均匀地涂上一层锡。

③用烙铁头蘸取适量焊锡，接触焊点，待焊点上的焊锡全部熔化并浸没元器件引线头后，电烙铁头沿着元器件的引脚轻轻往上一提，离开焊点。

④焊完后将电烙铁放在烙铁架上。

⑤接着用酒精把电路板上残余的助焊剂清洗干净，以防炭化后的助焊剂影响电路正常工作。

焊接时应注意的问题：

①应选用合适的焊锡，其中，焊接电子元件时应选用低熔点焊锡丝。

②制作助焊剂，用25%的松香溶解在75%的酒精（质量比）中作为助焊剂。

③焊接时间不宜过长，否则容易烫坏元器件，必要时可用镊子夹住引脚帮助散热。

④焊点应呈正波峰形状，表面应光亮圆滑，无锡刺，锡量适中。

⑤集成电路应最后焊接，焊接时电烙铁必须接地，或断电后利用余热焊接；或者使用集成电路专用插座，焊好插座后再把集成电路插上去。

⑥焊接后应将电烙铁放回烙铁架上。

第四节　热风焊台

热风焊台是维修通信设备的重要工具之一，主要由气泵、气流稳定器、线性电路板、手柄、外壳等基本组件构成，如图1-6所示。

下面以850热风焊台从主板上取下芯片为例，讲解热风焊台的使用方法。

①将热风焊台电源插头插入电源插座，打开热风焊台电源开关。

图1-6　热风焊台

②调节热风焊台的温度和风力，一般温度3～4挡，风力2～3挡。

③将热风焊台的风枪嘴放在芯片上3 cm左右移动加热，直至芯片底下的锡珠完全熔化，用镊子夹起整个芯片。

④芯片取下后，芯片的焊盘上和主板上都有余锡，此时，在电路板上加足量的助焊膏，再用电烙铁将板上多余的焊锡去掉。

⑤焊接完毕后，将热风焊台电源开关关闭，此时风枪将向外继续喷气。当喷气结束后，再将热风焊台的电源插头拔下。

热风焊台的
使用方法

提示

加热芯片时要吹芯片四周，不要吹芯片中间，否则易把芯片吹翘。加热时间不要过长，否则会把电路板吹起泡。

第五节　编程器

编程器主要用来修改只读存储器中的程序，编程器通常与计算机连接，再配合编程软件使用。编程器如图 1-7 所示。在维修时，通常使用编程器刷新主板 BIOS 芯片、显卡的 BIOS 芯片、网卡启动芯片等。

图 1-7　编程器

编程器的使用方法：

①将被烧写的芯片（如 BIOS）按照正确的方向插入烧写卡座（芯片缺口对卡座的扳手）。

②将配套的电缆分别插入计算机的串口与编程器的通信口。

③打开编程器的电源（电源为 12 V），此时中间的电源指示灯亮，表示电源正常。

④运行编程器的软件，这时程序会自动监测通信端口和芯片的类型，接着从编程器软件中，调入提前准备好的被烧写文件（HEX 文件）。

⑤编程器开始烧写程序到芯片中，烧写完成后，编程器会提示烧写完成，这时关闭编程器的电源，取下芯片即可。

第六节　主板故障诊断卡

诊断卡（Power on Self Test，POST），工作原理是利用主板中 BIOS 内部自检程序的检测结果，通过代码一一显示出来，结合本书的代码含义速查表就能很快地知道计算机故障所在。尤其在个人计算机不能引导操作系统、黑屏、喇叭不叫时，使用该卡更能体现其便利，事半功倍。

BIOS 在每次开机时，对系统的电路、存储器、键盘、视频部分、硬盘、软驱等各个组件进行严格测试，并分析硬盘系统配置，对已配置的基本 I / O 设置进行初始化，一切正常后，再引导操作系统。其显著特点是以是否出现光标为分界线，先对关键性部件进行测试，然后，对非关键性部件进行测试。当计算机出现关键性部件故障时，会出现停机，显示器无光标，屏幕无任何反应等现象。此时，可以将主板诊断卡插入计算机，根据诊断卡上显示的代码，找出故障原因和部位。如图 1-8 所示为主板故障诊断卡。

图 1-8　主板故障诊断卡

一、故障诊断卡工作原理

当 BIOS 要进行某项测试时，首先将主板的自检程序（POST）写入 80H 地址，如果测试顺利完成，再写入下一个自检程序，因此如果发生错误或死机，根据 80H 地址的 POST CODE 值，就可以了解问题出在什么地方。主板诊断卡的作用就是读取 80H 地址内的 POST CODE，并经译码器译码，最后由数码管显示出来。这样就可以通过主板诊断卡上显示的十六进制代码来判断问题出在硬件的哪一部分。

二、故障诊断卡指示灯的含义

故障诊断卡指示灯可以帮助了解计算机的运行情况，通过观察指示灯亮的情况来判断故障的位置，故障诊断卡指示灯含义见表 1-2。

表 1-2　故障诊断卡指示灯的含义

灯名	信号名称	说明
RUN	主板运行	若主板运行起来，此灯会不断闪烁，主板没有运行则不亮
CLK	总线时钟	不论 ISA 或 PCI，只要一块空板（无 CPU 等）接通电源就应常亮，否则 CLK 信号损坏
BIOS	基本输入 / 输出	主板运行时对 BIOS 有读操作时就闪亮
IRDY	主设备准备好	有 IRDY 信号灯常亮，否则不亮
OSC	振荡	是 ISA 槽的主频信号，空板通电则应常亮，否则主板的晶体振荡电路不工作，而无 OSC 信号
FRAME	帧周期	PCI 槽有循环帧信号时灯才闪亮，平时常亮

续表

灯名	信号名称	说明
RST	复位	开机或按了 RESET 开关后亮半秒钟熄灭属正常，若不灭，常因主板上的复位插针错接到加速开关或短路，或复位电路损坏
12 V	电源	空板上电即应常亮，否则无此电压或主板有短路
−12 V	电源	空板上电即应常亮，否则无此电压或主板有短路
5 V	电源	空板上电即应常亮，否则无此电压或主板有短路
−5 V	电源	空板上电即应常亮，否则无此电压或主板有短路（只有 ISA 槽才有此电压）
3.3 V	电源	这是 PCI 槽特有的 3.3 V 电压，空板上电即应常亮，有些主板的 PCI 槽无 3.3 V 电压，则不亮

三、故障诊断卡的使用流程、方法以及常见问题的解决方法

故障诊断卡的使用流程如图 1-9 所示。

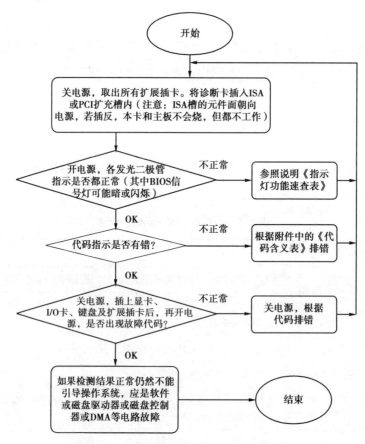

图 1-9 故障诊断卡的使用流程

使用诊断卡时常见的错误代码见表 1–3。

表 1–3　使用诊断卡时常见的错误代码

	代码	原因
1	检测卡跑 00、C0、CF、FF、D1	① CPU 插槽脏；②针脚坏、接触不好；③ CPU、内存超频；④ CPU 供电不良；⑤某芯片发热，硬件某部分资源不正常，在 CMOS 里将其关闭或更换该集成资源的芯片
2	检测卡跑 C1、C2、C6、C7、E1	①内存接触不良；②测内存工作电压（SDRAM 3.3 V，DDR 2.5 V 和 16 V）；③测时钟 CPU 旁排阻是否有损坏；④测 CPU 地址线和数据线；⑤北桥坏
3	检测卡循环 C1~C5 跳变	① BIOS 坏；② I/O 或者南桥坏
4	检测卡跑 C1、C3、C6	①刷 BIOS；②换电源；③换 CPU；④换转接卡；⑤检查 BIOS 脚座；⑥ PCB 断线；⑦板上粘有导电物、清洗内存和插槽；⑧换内存条或内存插槽；⑨换 I/O；⑩北桥虚焊或者损坏
5	检测卡循环显示 C1~C3 或者 C1~C5 等	①刷 BIOS；②换 I/O 有时可解决问题；③ PCB 断线；④板上粘有导电物　　　考虑换电容、CPU、内存；⑥南桥坏
6	检测卡上显示 B0	①看内存电　　　　　③北桥坏
7	检测卡上显示 25	北桥问题
8	检测卡跑 0D 后不亮	①外频；②倍频跑
9	检测卡跑 2B 后不亮	刷 BIOS，清除 BIOS，时钟发生器不良，北桥供电不正常或者北桥损坏
10	检测卡跑 50	I/O 错，南北桥，BIOS 损坏
11	检测卡跑 41	BIOS 刷新，PCB 损坏或者上面有导电物
12	检测卡跑 R6	检测不到显卡，或者内存没有过
13	检测卡跑 R7	显卡初始化没有完成，是内存错或者是显卡没有插好
14	检测卡跑 E0	CPU 没有工作，CPU 插槽脏，CPU 针脚损坏
15	检测卡跑 D5	内存旁边的三极管损坏

常见问题及解决方法见表 1–4。

注意：①不能在尚有免费质保的主板上进行违反质保规定的排错操作。

②所有排错操作均在断电情况下进行。

表 1-4　常见问题及解决方法

出错类别	常见问题	解决方法
内存条	内存条坏	换一条内存
	内存条引脚脏	用橡皮擦擦干净再试
	与其他内存不匹配	换用相同型号的内存
	插错方向	更正插入方向
内存槽扩展槽	槽内脏或有异物	细心清除脏、异物
	槽内金属变形或断裂	用镊子细心矫正或在报废板中取材更换
	槽内金属弹片生锈或发霉	用酒精清洗，干后将内存条或扩展卡多次插拔，使之改善接触性能
CPU	CPU	更换 CPU（手摸 CPU 是否根本不发热或过热）
	CPU 设定跳线或 CMOS 设定错	细心核对 CPU 的工作电压、频率等参数的跳线或 CMOS 设定
	CPU 脚脏	去除脏物并将 CPU 多插拔几次
	CPU 未插到位	整理 CPU 引脚，将 CPU 细心地插入并检查是否插到位
诊断卡自身不良或插卡错误	金手指脏	用橡皮擦擦金手指，将诊断卡多插拔几次，可改善接触性能
	插卡插错槽	细心辨别 PCI 与 ISA 槽
	诊断卡方向插反	更正插入方向（ISA 槽的元件面朝向电源）
	诊断卡坏	到购买处进行质保，或 P678@163.net（一年内）联系质保
诊断卡加电后代码无变化	主板未运行起来	检查电源、CPU 跳线等
	主板无代码输出到插有诊断卡的总线插槽中	换一插槽试试
代码走不到底	主板有故障	这项是本诊断卡的用途所在，根据书中代码排错后再试
	主板将故障代码送往显示器，停止送到总线槽	接上 LED 显示器，再根据屏幕提示排错，然后再试

第七节 CPU假负载

在维修主板的过程中，如果CPU电压不正常，可能会将CPU烧掉，所以在检查主板时一般先用假负载检查各点电压，只有在各点电压正常之后才能在故障主板上安装CPU。CPU假负载除了测量CPU各点的电压外，还可以用来测CPU通向北桥芯片或者其他通道的64根数据线和32根地线是否正常。

一、假负载的工作原理

①不同的CPU有不同的工作电压，同一片CPU在不同的工作状态下的电压也是不同的（CPU温度高时一般会自动降频，同时会调整工作电压）。为使同一片主板能兼容多款CPU或满足CPU变换工作状态的需要，一般在插上CPU之后，CPU会告诉主板该给它送多高的电压。

②CPU通过几个VID（电压识别）引脚向电源管理芯片传递电压信息，功能完好的主板根据各VID引脚电平的高低为CPU提供所需的工作电压。

③根据VID电压识别原理，用假负载诱出CPU主供电，通过适当检测能基本判定CPU供电电路是否正常，进而保证CPU的安全。

二、假负载的使用方法

用假负载检测CPU插座故障时，测量步骤一般如下：

①检测假负载上的核心电压是否正常。

②检测假负载上的复位（RESET#）电压是否正常。

③检测假负载上的时钟电压是否正常（用示波器测假负载上的时钟是否有波，有波表示正常）。

④检测假负载上的PG信号电压是否正常。

⑤检测假负载上的1 V参考电压是否正常。

⑥检测主板上的核心供电的低端场效应管的D极电压是否正常。

三、各种 CPU 假负载的测试点

各种假负载及测试点如图 1-10 所示。

（a）370 假负载及测试点　　（b）1156 假负载及测试点　　（c）1155 假负载及测试点

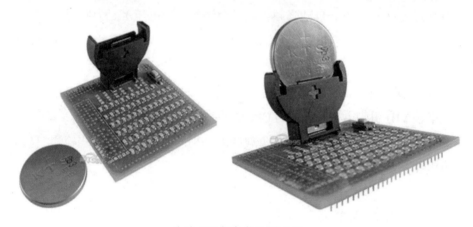

（d）775 假负载及测试点

图 1-10　各种假负载及测试点

第八节　打阻值卡

打阻值卡主要是用来测量内存插槽、PCI 插槽、PCI-E 插槽、AGP 插槽的各种信号。由于这些插槽的金属触点都在槽内，且针脚较多，不容易观察，因此就用打阻值卡插在相应的插槽内，然后在打阻值卡上测量。

打阻值卡上面一般会表明时钟信号点、复位信号点、电压信号点、地址线信号点、数据线信号点等，这样比较容易测量，如图 1-11 所示。

图 1-11　打阻值卡

第九节　其他工具

主板维修工具除了以上介绍的之外，还有螺丝刀、钳子、镊子、刀片、吸锡器、芯片拔取器等。

一、螺丝刀

螺丝刀的种类比较多，维修时常用的螺丝刀有十字形和一字形，如图 1-12 所示。

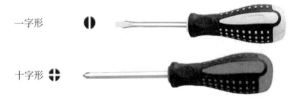

图 1-12　螺丝刀

二、钳子

维修时常用的钳子主要有尖嘴钳、鸭嘴钳、剥皮钳、斜口钳等，如图 1-13 所示。

图 1-13　钳子

①尖嘴钳和鸭嘴钳：用来拆卸、安装、调整、插拔跳线，修正变形的器件等。

②剥皮钳：用来剥去导线外层保护套皮。

③斜口钳：用来剪掉无用的引脚或导线等。

三、吸锡器

吸锡器用来拆卸电路板上的元器件，将元器件引脚上的焊锡吸掉，以便拆卸。吸锡器分为自带热源的和不带热源的两种，如图 1-14 所示。

图 1-14　吸锡器

图 1-15　使用吸锡器

吸锡器的使用方法如下：

①将吸锡器后部的活塞杆按下。

②用右手拿电烙铁将元器件的焊点加热，直到元器件上的锡熔化（如果吸锡器自带热源，则不用电烙铁加热，直接用吸锡器加热即可）。

③等焊点上的锡熔化后，用手拿吸锡器，并将吸锡器的嘴对准熔化的焊点，同时按下吸锡器上的吸锡按钮，元器件上的锡就会被吸走，如图 1-15 所示。

第二章　电子元器件的认识及判定

第一节　电阻器

电阻器简称电阻，是电路中应用最广泛的一种元器件，在主板电路中约占元器件的 30%，其质量的好坏对电路的稳定性有极大的影响。在电路中，电阻器主要是用来稳定和调节电路中的电流和电压，即起降压、分压、限流、分流、隔离、过滤（与电容配合）、匹配和信号幅度调节等作用。在主板电路中，电阻器一般用字母 R、RN、RF、FS 等表示，如图 2-1 所示。

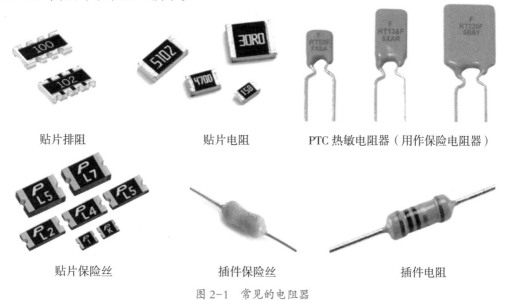

贴片排阻　　　　　　　贴片电阻　　　　PTC 热敏电阻器（用作保险电阻器）

贴片保险丝　　　　　　插件保险丝　　　　　　插件电阻

图 2-1　常见的电阻器

电阻的国际单位是欧［姆］（Ω），也常用千欧（kΩ）、兆欧（MΩ）做单位。它们之间的换算方法为：$1\,M\Omega = 10^3\,k\Omega = 10^6\,\Omega$。

一、电阻器的分类

若根据电阻器的工作特性及在电路中的作用来分，可分为固定电阻和可调电阻两大类。阻值固定不变的电阻器称为固定电阻器，固定电阻器的种类比较多，主要有碳质电阻器、碳膜电阻器、金属膜电阻器、线绕电阻器等；阻值在一定范围内连续可调的电阻器称为可变电阻或电位器，可变电阻一般为两端可调，电位器一般为三端可调。如图 2-2 所示为电阻的电路符号。

| 普通电阻 | 可变电阻 | 热敏电阻 | 电位器 | 光敏电阻 |

图 2-2　电阻的电路符号

若按电阻器的外观形状来分，分为圆柱形电阻和贴片电阻等，如图 2-3 所示。

圆柱形电阻　　　　　　　贴片电阻

图 2-3　圆柱形电阻和贴片电阻

若按电阻器的制作材料来分，可分为线绕电阻、膜式电阻和碳式电阻等。

若按电阻器的用途来分，可分为精密电阻、高频电阻、高压电阻、大功率电阻、热敏电阻、熔断电阻等。

常用电阻器有以下几种：

1. 片式电阻

片式固定电阻器，是从 Chip Fixed Resistor 直接翻译过来的，俗称贴片电阻（SMD Resistor），是金属玻璃釉电阻器中的一种，是将金属粉和玻璃釉粉混合，采用丝网印刷法印在基板上制成的电阻器，如图 2-3 所示。其优点是耐潮湿、高温、温度系数小，是主板上应用最多的一种电阻器。

2. 碳膜电阻

碳膜电阻是使用最早、最广泛的电阻器，如图 2-4 所示。它由碳沉积在瓷质基体上制成，通过改变碳膜的厚度或长度，可以得到不同的阻值。其主要特点是耐高温，当环境温度升高后，与其他电阻相比，其阻值变化很小，高频特性好，精度高，常在精密仪表等高档设备中使用。

3. 金属膜电阻

金属膜电阻是在采用高温真空镀膜技术将镍铬或类似的合金紧密附在瓷棒表面形成皮膜，经过切割调试阻值，以达到最终要求的精密阻值，然后加适当接头切割，并在其表面涂上环氧树脂密封保护而成的。金属膜电阻的主要特点是精度比较高、稳定性好、噪声低、温度系数小。由于它是引线式电阻，方便手工安装及维修，常用在大部分家电、通信设备、仪器仪表和各种无线电电子设备上。如图 2-5 所示为金属膜电阻。

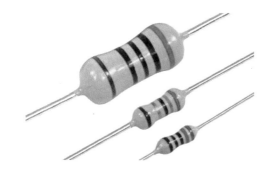

图 2-4　碳膜电阻

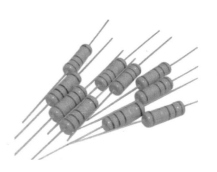

图 2-5　金属膜电阻

4. 线绕电阻

线绕电阻器是用电阻丝绕在绝缘骨架上构成的，如图 2-6 所示。电阻丝一般采用具有一定电阻率的镍铬、锰铜等合金制成。绝缘骨架是由陶瓷、塑料、涂覆绝缘层的金属等材料制成管形、扁形等各种形状。电阻丝在骨架上根据需要可以绕制一层，也可绕制多层，或采用无感绕法等。

这种电阻分固定和可变两种。它的特点是工作稳定，耐热性能好，误差范围小，阻值可精确到 0.001 Ω，价格较贵，多用于医疗设备，额定功率一般在 1 W 以上。

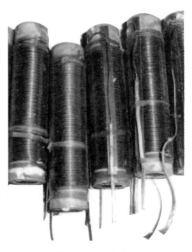

图 2-6　线绕电阻

5. 保险电阻

保险电阻具有双重功能，在正常情况下具有普通电阻器的电气特性；一旦电路中电压升高，电流增大或某个元器件损坏，保险电阻就会在规定的时间内熔断，从而达到保护其他元器件的目的。保险电阻用字母"F"表示，通常标注为"000"，如图 2-7 所示。

贴片保险丝　　　　　　　PTC 热敏阻器（用作保险电阻器）

图 2-7　保险电阻

6. 光敏电阻

光敏电阻是一种电导率随吸收的光量子多少而变化的敏感电阻器。它是利用半导体的光电效应特性制成的，其阻值随着光照的强弱而变化。光敏电阻器主要用于各种自动控制、光电计数、光电跟踪以及照相机的自动曝光等场合使用。

7. NTC、PTC 热敏电阻

NTC 热敏电阻是一种具有负温度系数变化的热敏元件，其阻值随温度升高而减小，可用于稳定电路的工作点。PTC 热敏电阻是一种具有正温度系数变化的热敏元件。在达到某一特定温度前，PTC 热敏电阻的阻值随温度升高而缓慢下降，当超过这个温度时，其阻值剧烈增大。这个特定温度点称为居里点。PTC 热敏电阻的居里点可通过改变其材料中各成分的比例而变化。它在家电产品中应用广泛，如电饭煲的温控器等。

8. 其他电阻

其他电阻包括温敏电阻、磁敏电阻、气敏电阻、力敏电阻、压敏电阻等，这些电阻在自动控制方面起到很大作用。

9. 集成型电阻

集成型电阻又称排阻。这是一种电阻网络，它具有体积小、精度高、规整化等特点，适用于电子仪器设备及计算机电路中。排阻一般用字母"RN"表示，常见的排阻主要有 8 脚和 10 脚两种，其中 8 脚的用得较多。在电路中一般使用"472""330"等来标注阻值，其中"330"表示阻值为 33 Ω。如图 2-8 所示为排阻及内部结构图。

10. 可变电阻

一般是指电位器，电位器是一种阻值可以连续变化的电阻。在电子设备中，经常用它进行阻值、电位的调节。例如，在收录机中用它来控制音量，在电视机中用它来调节亮度、对比度等。

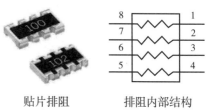

图 2-8　排阻及内部结构图

二、电阻器的主要参数

电阻器的主要参数包括电阻值、额定功率和允许偏差。

1. 电阻值

电阻器阻值的国际单位是欧［姆］，用字母"Ω"表示。同时常用的单位还有兆欧（$M\Omega$）和千欧（$k\Omega$）。

2. 额定功率

电阻器在电路中工作时所承受的最大功率。功率用字母"P"表示；单位为瓦［特］，用字母"W"表示。功率与电压、电流成正比：$P=UI$。因此电阻的额定功率也可以理解为：电阻所能承受的最大电压和最大电流的乘积。电阻的实际功率超过了电阻的额定功率，电阻就有可能被烧毁。因此在选用电阻器时，所选电阻器的额定功率应大于实际承受功率的两倍以上，这样才能保证电阻器在电路中长期工作时的可靠性。在电路图中以各种符号来表示电阻的额定功率，如图 2-9 所示。

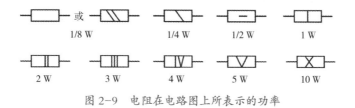

图 2-9　电阻在电路图上所表示的功率

3. 允许偏差

$$电阻的允许偏差 = \frac{（电阻的标称阻值 - 电阻的实际阻值）}{电阻的标称阻值} \times 100\%。$$

三、电阻器的标示及封装

电阻的标示有直标法、文字符号标示法、数标法、色标法。

1. 直标法

直标法是指直接标在电阻器的表面。例如电阻器上印有"68 kΩ±5%"，则其阻值为 68 kΩ，误差为±5%；如果只在电阻器上印了"68"，则表示阻值为 68 Ω。

2. 文字符号标示法

用阿拉伯数字和文字符号有规律地组合来表示标称阻值，其允许偏差也用文字符号表示，见表 2–1。文字符号前面的数字表示整数部分，文字符号后面的数字表示阻值的小数部分。例如标注为"4Ω7"表示阻值为 4.7 Ω；标注为"4K7"表示阻值为 4.7 kΩ。

表 2–1 文字符号所代表的允许偏差

文字符号	D	F	G	J	K	M
允许偏差	±0.5%	±1%	±2%	±5%	±10%	±20%

另外还有一种精密电阻也是采用文字符号表示法，例如标有"01A"丝印的电阻：前面的"01"表示有效阻值，后面的"A"表示倍数，根据表 2–2 的精密电阻代码换算表查出标有"01A"丝印的电阻阻值为 $100 \times 10^0 = 100$ Ω；那么标有"01B"表示阻值为 $100 \times 10^1 = 1000$ Ω。

表 2–2 精密电阻换算表

代码	电阻值	代码	电阻值	代码	电阻值	代码	电阻值	代码	电阻值	代码	电阻值
01	100	14	137	27	187	40	255	53	348	66	475
02	102	15	140	28	191	41	261	54	357	67	487
03	105	16	143	29	196	42	267	55	365	68	499
04	107	17	147	30	200	43	274	56	374	69	511
05	110	18	150	31	205	44	280	57	383	70	523
06	113	19	154	32	210	45	287	58	392	71	536
07	115	20	158	33	215	46	294	59	402	72	549
08	118	21	162	34	221	47	301	60	412	73	562
09	121	22	165	35	226	48	309	61	422	74	576
10	124	23	169	36	232	49	316	62	432	75	590
11	127	24	174	37	237	50	324	63	442	76	604
12	130	25	178	38	243	51	332	64	453	77	619
13	133	26	182	39	249	52	340	65	464	78	634

代码	电阻值	代码	电阻值	代码	电阻值	代码	电阻值	代码	电阻值	代码	电阻值
79	649	82	698	85	750	88	806	91	866	94	931
80	665	83	715	86	768	89	825	92	887	95	953
81	681	84	732	87	787	90	845	93	909	96	976

EIA-96 MARKING 方法标注的丝印为三位数，前面两位是数字，后面一位是字母。上面表格中阴影部分表示该阻值的 EIA-96 MARKINGK 中的前面两位数

EIA-96 MARKING 中的第三个字母为乘数：

代码	A	B	C	D	E	F	G	H	X	Y	Z
倍数	10^0	10^1	10^2	10^3	10^4	10^5	10^6	10^7	10^{-1}	10^{-2}	10^{-3}

3. 数标法

数标法主要用三位数表示阻值，前两位表示有效数字，第三位数字是倍率。例如电阻上标有"ABC"，其阻值为 $AB \times 10^C$，其中，如果"C"为 9，则表示为 -1。例如标注为"653"，表示阻值为"65×10^3 k=65 kΩ；标注为"279"，表示阻值为 27×10^{-1} Ω=2.7 Ω；标注为"000"，表示阻值为 0。

4. 色标法

小功率的电阻器多数情况下用色环表示，特别是 0.5 W 以下的碳膜电阻和金属膜电阻两种。色环电阻的色环可分为四环和五环两种，标称的含义如图 2-10 所示。

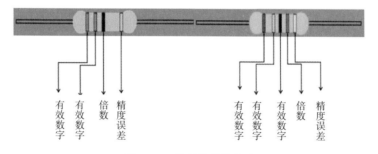

图 2-10　色环标称的含义

色环标称法中色环的基本色码对照表如表 2-3 所示。

表 2-3　基本色码表

颜色	有效数字	倍数	允许偏差
黑	0	1	

续表

颜色	有效数字	倍数	允许偏差
棕	1	10^1	1%
红	2	10^2	2%
橙	3	10^3	
黄	4	10^4	
绿	5	10^5	0.5%
蓝	6	10^6	0.25%
紫	7	10^7	0.1%
灰	8	10^8	
白	9	10^9	
金		10^{-1}	5%
银		10^{-2}	10%

例如，电阻器的色标分别为橙黄黑金，对照色码表，其阻值为 $34 \times 10^0\ \Omega$，误差为 $\pm 5\%$，即阻值为 34 Ω，误差为 $\pm 5\%$；如电阻器的色标分别为黄、紫、黑、银、棕，对照色码表，其阻值为 $470 \times 10^{-2}\ \Omega$，误差为 $\pm 1\%$，即阻值为 4.7 Ω，误差为 $\pm 1\%$。

四、电阻的串联与并联

1. 电阻串联

特点：流过每个电阻的电流都是相同的，主要起分压作用，如图 2-11 所示。

由图 2-11 得出，串联后的总阻值等于各个电阻的阻值（R）之和，即：$R_{ab}=R_1+R_2+R_3$；流过各电阻的电流（I）均相等，即：$I_{ab}=I_1=I_2=I_3$；每个电阻两端的电压（U）等于通过它的阻值和电流的乘积，即：$U=R \times I$；而总电压（U）等于各个电阻的电压之和，即：$U_{ab}=U_1+U_2+U_3$。

2. 电阻并联

特点：每个电阻两端的电压是相同的，主要起分流作用，如图 2-12 所示。

由图 2-12 得出，并联后的总阻值等于各个电阻阻值（R）的倒数之和，即 $1/R=1/R_1+1/R_2+1/R_3$；每个电阻两端的电压（U）均相等，即：$U=U_1=U_2=U_3$；流过每个电阻的电流等于其两端的电压除以它的阻值，即：$I=U/R$；总电流（I）等于流过各个电阻

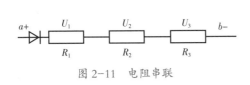

图 2-11 电阻串联

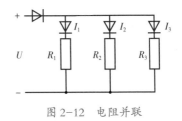

图 2-12 电阻并联

的电流之和，即 $I=I_1+I_2+I_3$。

五、用数字万用表判定电阻的好坏

①将万用表的挡位旋钮调到"Ω"挡的适当位置，如电阻阻值为 100 Ω，那么我们就要将万用表的挡位旋钮调到"200"挡。

②将万用表的两个表笔分别和电阻的两端相接，电阻的阻值就会显示在显示屏上。如果显示屏上显示"0"或者显示屏上显示的数字不停变动或显示的数字与电阻器上的标示值相差很大，则说明该电阻已损坏。

第二节　电容器

电容器是一种储能元件，简称电容，用字母 C 表示。电容主要用于旁路、振荡、滤波、耦合、频率补偿等电路。如图 2-13 所示为主板上常见电容。在主板电路中电容一般用字母 C、CN、EC、TC 等表示。

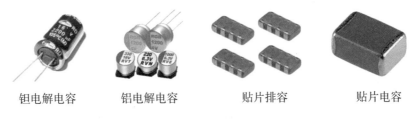

钽电解电容　　　铝电解电容　　　贴片排容　　　贴片电容

图 2-13　主板上常见电容

电容的国际单位是法［拉］（F），也常用毫法（mF）、微法（μF）、纳法（nF）、皮法（pF）做单位。它们之间的换算方法为：$1\ F=10^3\ mF=10^6\ \mu F=10^9\ nF=10^{12}\ pF$。

*电容器有一个重要特性：隔直通交（就是交流可以直接导通，直流则被阻挡住）。

一、电容器的分类

电容的种类繁多,分类原则也不同,通常按其结构可分为固定电容和可调电容两种,其电路符号如图 2-14 所示。

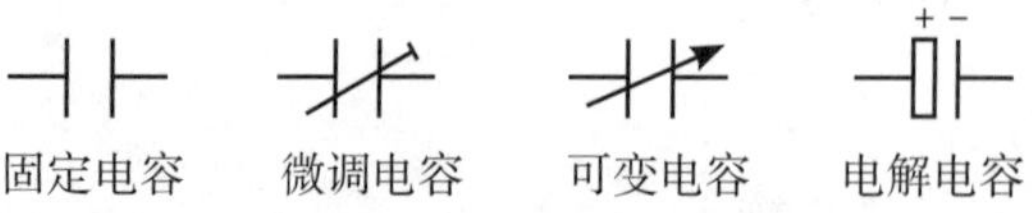

固定电容　　微调电容　　可变电容　　电解电容

图 2-14　电路符号

电容按介质可分为空气介质电容、固体(云母、陶瓷等)介质电容及电解电容,一般来说电解电容的容量较大,而其他的电容容值较小。

电容按有无极性可分为有极性电容和无极性电容。

电容按电容器的介质材料可分为铝电解电容、钽电解电容、铌电解电容、云母电容、纸介电容等。主板上常见的电容器有铝电解电容、钽电解电容、陶瓷贴片电容等。

1. 铝电解电容

铝电解电容是由铝圆筒做负极,里面装有液体电解质,插入一片弯曲的铝带做正极,再经过直流电压处理,在正极的铝带上生成一层氧化膜作为绝缘介质。其特点是容量大,价格较低,但易受温度的影响,准确度不高,而且随着使用时间的推移会逐渐失效,常用于电源滤波电路和低频电路中,外观如图 2-15 所示。

2. 钽、铌电解电容

钽、铌电解电容用金属钽或铌做正极,用稀硫酸(H_2SO_4)等配液做负极,在钽或者铌的表面生成一层氧化膜做绝缘介质。其特点是体积小、容量大、稳定性好、寿命长、耐高稳、准确度高、温度性能好,一般是用在要求较高的设备中,外观如图 2-16 所示。

3. 陶瓷电容

陶瓷电容是用陶瓷做介质,在陶瓷基体两面喷涂银层,然后烧成银质薄膜做极板制成,如图 2-17 所示。其特点是体积小、耐热性好、损耗小、绝缘电阻高,不过容量小,

图 2-15　铝电解电容

图 2-16　钽铌电解电容

图 2-17　陶瓷电容

适用于高频电路。陶瓷贴片电容容量较大，但损耗和温度系数较大，适用于低频电路。

4. 云母电容

云母电容用金属箔或在云母上喷涂银层做电极板，在将板极和云母一层一层叠合后，再压铸在胶木粉或封固在环氧树脂中制成。其特点是介质损耗小、绝缘电阻大，但温度系数小，适用于高频电路。

5. 薄膜电容

薄膜电容的结构与纸介电容相同，介质是涤纶或聚苯乙烯。涤纶薄膜电容器的介质常数较高、体积小、容量大、稳定性好，适宜做旁路电容。聚苯乙烯薄膜电容的介质损耗小、绝缘电阻高，但温度系数大，可用于高频电路。

二、电容器的主要参数

电容器的主要参数有标称容量（简称容量）、允许偏差、额定电压、漏电流、绝缘电阻、损耗因数、温度系数、频率特性等。

1. 标称容量

标称容量是指标注在电容器上的电容量。

2. 允许偏差

允许偏差是指电容器的标称容量与实际容量之间的允许最大偏差范围。电容器的容量偏差与电容器介质材料及容量大小有关。电解电容器的容量较大，误差范围大于 ±10%；而云母电容器、玻璃釉电容器、瓷介电容器及各种无极性高频有机薄膜介质电容器（如涤纶电容器、聚苯乙烯电容器、聚丙烯电容器等）的容量相对较小，误差范围小于 ±20%。

3. 额定电压

额定电压也称电容器的耐压值，是指电容器在规定的温度范围内，能够连续正常工作时所能承受的最高电压。该额定电压值通常标注在电容器上。在实际应用时，电容器的工作电压应低于电容器上标注的额定电压值，否则会造成电容器因过压而击穿损坏。

4. 漏电流

电容器的介质材料不是绝缘体，在一定的工作温度及电压条件下，也会有电流通过，此电流即为漏电流。一般电解电容器的漏电流略大一些，而其他类型电容器的漏电流较小。

5. 绝缘电阻

绝缘电阻也称漏电阻,它与电容器的漏电流成反比。漏电流越大,绝缘电阻越小。绝缘电阻越大,表明电容器的漏电流越小,品质也越好。

6. 损耗因数

损耗因数也称电容器的损耗角正切值,用来表示电容器能量损耗的大小。该值越小,说明电容器的质量越好。

7. 温度系数

在一定的温度范围内,电容器温度系数主要与电容器介质材料的温度特性及电容器的结构有关。一般电容器的温度系数越大,电容量随温度的变化也越大。为使电子电路能稳定地工作,应尽量选用温度系数小的电容器。电容的温度系数分为Ⅰ级与Ⅱ级。如表2-4所示,其中Ⅰ级的电容又分为8级,Ⅱ级的电容又分为5级,一般Ⅰ级高于Ⅱ级。

表2-4 温度系数等级表

电容的温度系数(Ⅰ级)		
温度系数符号	温度系数 /(PPM·℃$^{-1}$)	温度范围 /℃
COG(NPO)	0±30	−55 ~ 125
CH	0±60	−25 ~ 85
PH(P2H)	−150±60	−25 ~ 85
RH(R2H)	−220±60	−25 ~ 85
SH(S2H)	−330±60	−25 ~ 85
TH(T2H)	−470±60	−25 ~ 85
UJ(U2J)	−750±120	−25 ~ 85
SL	+350 ~ −1000	20 ~ 85
电容的温度系数(Ⅱ级)		
温度系数符号	电容变化量 /%	温度范围 /℃
X8R	±15	−55 ~ +150
X7R	±15	−55 ~ +125
X7S	±22	−55 ~ +125
Z5U	+22 ~ −56	+10 ~ +85
Y5V	+22 ~ −82	−30 ~ +85

8. 频率特性

频率特性是指电容器对各种不同频率所表现出的性能（即电容量等电参数随着电路工作频率的变化而变化的特性）。不同介质材料的电容器，其最高工作频率也不同，例如，容量较大的电容器（如电解电容器）只能在低频电路中正常工作，高频电路中只能使用容量较小的高频瓷介电容器或云母电容器等。

三、电容的标注

电容的标注与电阻的基本相同，分为直标法、数标法、文字符号标示法、色标法。

1. 直标法

直接标示是将标称容量、允许偏差或耐压值等直接标在电容器的外壳上，如图 2-16 所示。其中误差一般用字母来表示。例如 47 nJ100 表示电容量为 47 nF，误差为 ±5%，耐压值为 100 V。当电容所标容量没有词头时，其容量遵循如下原则：

①当电容所标容量没有单位时，统一使用皮法（pF）作为单位。

②容量为 1 ~ 10^4 时，单位为皮法（pF）。例如，47 表示 47pF。

③容量大于 10^4 时，单位为微法（μF），例如，22 000 容量为 22 000 pF 表示 0.022 μF。

2. 数标法

数字标注一般用三位数表示容量大小，前两位表示有效数字，第三位数字是倍率。例如标有 102，表示 10×10^2 pF=1 000 pF；标有 224，表示容量为 22×10^4 pF=0.22 μF。

3. 文字符号标示法

用数字与字母有规律的组合来表示容量，识别的方法是除了将字母看成小数点外，还要将字母看成单位。对于小容量的电容器，常用字母或数字标注。字母表示法，m 表示 10^9 pF，如 1 m=1 000 μF；C 表示小数，如标有 5C3 表示容量为 5.3 pF；n 表示 1 000 pF，如 1 n=1 000 pF。

4. 色标法

电容的色环标示法和电阻的色环标示法一样。这里就不再讲述。

除了色环标示法外，有些电容还标上一个字母来表示电容的误差。如 102K 表示电容的容量为 1 000 pF，允许误差为 ±10%。字母所表示的允许误差如表 2-5 所示。

表 2-5　允许误差

标志符号	允许误差	标志符号	允许误差	标志符号	允许误差
E	±0.001%	B	±0.1%	K	±10%
X	±0.002%	C	±0.2%	M	±20%
Y	±0.005%	D	±0.5%	N	±30%
H	±0.01%	F	±1%	R	+100% ~ −10%
U	±0.02%	G	±2%	S	+50% ~ −20%
W	±0.05%	J	±5%	Z	+80% ~ −20%

四、电容的串联与并联

1. 电容串联

特点：流过每个电容器的电流都是相同的，如图 2-18 所示。

由图 2-18 得出，电容串联后总容量的倒数等于各个电容容量的倒数之和，即：$1/C=1/C_1+1/C_2+1/C_3$；流过各个电容的电流（交变电流）均相等，即 $I=I_1=I_2=I_3$；每个电容两端的电压等于通过它的电流和它的容抗的乘积，即 $U=I\times C$。各个电容两端的电压之和等于总电压，即 $U=U_1+U_2+U_3$。

2. 电容并联

特点：流过每个电容的电压都是相同的，如图 2-19 所示。

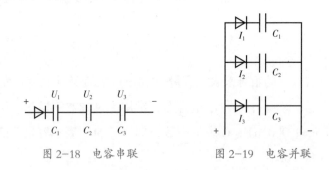

图 2-18　电容串联　　　　图 2-19　电容并联

由图 2-19 得出，电容并联后总容量等于各个电容容量之和，即 $C=C_1+C_2+C_3$；每个电容两端的电压均相等，即 $U=U_1=U_2=U_3$；流过每个电容的电流（交变电流）等于其他两端电压之和除以它的容抗。流过各个电容的电流之和等于总电流，即 $I=I_1+I_2+I_3$。

五、用数字万用表判断电容的好坏

①将万用表的挡位旋钮调到电容"F"挡的适当位置，如电容值为 4.7 nF，那么我们就要将万用表的挡位旋钮调到"20 nF"挡。

②将万用表的两个表笔分别和电容的两端相接（红表笔接电容的正极，黑表笔接电容的负极），电容的阻值就会显示在显示屏上。如果显示屏上显示"0"，显示屏上显示的数字不停地变动或显示的数字与电容器上的标识值相差很大，则说明该电容已损坏。

第三节 电感器

电感器在电子电路中具有广泛的应用。电感和电容一样，也是一种储能元件，它能把电能转换为磁场能，并在磁场中储存能量。电感用符号 L 表示，电感的国际单位是亨［利］（H），也常用毫亨（mH）、微亨（μH）做单位，它们之间的换算关系为：$1\ H=10^{3}\ mH=10^{6}\ \mu H$。

电感器经常和电容器一起工作，构成 LC 滤波器、LC 振荡器等。另外，还利用电感器的特性，制成阻流圈、变压器、继电器等。如图 2-20 所示为主板中常用的电感。

磁环电感器　　　　　　　　　　　　　　贴片电感

图 2-20　主板中常用的电感

一、电感器的分类

电感器按其结构特征可分为固定电感器、可调电感器两种；按其磁导体性质可分为空心、磁芯、铁芯等，其电路符号如图 2-21 所示。

电感器按电感线圈圈芯性质可分为空心线圈和带磁芯的线圈；按绕制方法可分为单层线圈、多层线圈等；按电感量变化情况可分为固定电感和微调电感；按结构可分

空心电感器　　　磁芯、铁芯电感器　　可变电感器　　带磁芯可变电感器

图 2-21　电路符号

为小型固定电感、贴片电感等。常用的电感有以下几种：

1. 小型固定电感

小型固定电感有卧式、立式两种，它的结构特点是将漆包线或丝包线直接绕在棒形、工字形、王字形等磁芯上，外表裹覆环氧树脂或装在塑料壳中，其具有体积小、质量轻、结构牢固（耐震、耐冲击）、防潮性能好、安装方便等优点，一般在滤波、延迟等电路中使用。如图 2-22 所示为小型固定电感。

2. 贴片电感

贴片电感是在陶瓷或微晶玻璃基片沉淀金属导线而成的。贴片电感有较好的稳定性、精度及可靠性，常用在几十兆赫到几百兆赫的电路中，如图 2-23 所示。

磁环电感器

图 2-22　小型固定电感

图 2-23　贴片电感

二、电感的主要参数

电感的主要参数有：电感量、感抗、品质因素、分布电容、额定电流。

1. 电感量 L

电感量 L 表示线圈本身固有的特性，与电流的大小无关。除了专门的电感线圈外，电感量一般不会标注在线圈上，而以特定的名称标注。

2. 感抗 XL

电感线圈对交流电流阻碍作用的大小称为感抗 XL，单位是欧［姆］。它与电感量 L 和交流电频率 f 的关系为：$XL=2FL$。

3. 品质因素 Q

品质因素 Q 是表示线圈质量的一个物理量。线圈的品质因素值越高，回路的损耗

就越小。线圈的品质因素值与导线的直流电阻、骨架的介质损耗、屏蔽罩或铁芯引起的损耗等因素有关。线圈的品质因素值通常为几十到几百。采用磁芯线圈、多股粗线圈均可提高线圈的品质。

4. 分布电容

线圈与屏蔽罩之间、线圈与底板之间存在的电容被称为分布电容。分布电容的存在可以使线圈的品质因素值减小、稳定性变差，因而线圈的分布电容越小越好。

5. 额定电流

额定电流是指电感正常工作时，允许通过的最大电流，若工作电流大于额定电流，电感会因热而改变参数，严重时会烧毁。额定电流也是一个重要的参数，特别是对高频扼流圈和大功率的谐振而言。

三、电感的标注

电感的标注一般有直标法和色标法两种。

1. 直标法

直标法是指在小型固定电感的外壳上直接标出电感的主要参数，如电感量、误差值、最大工作电流。其中最大工作电流常用字母 A、B、C、D、E 等标注，字母和电流的对应关系如表 2-6 所示。

表 2-6　电感最大工作电流

字母	A	B	C	D	E
最大工作电流 /mA	50	150	300	700	1 600

例如：电感器外壳上标有 3.9 mH、A、II 等字样，则表示其电感量为 3.9 mH，误差为 ±10%，最大工作电流为 50 mA。

2. 色标法

电感的色标法与电阻、电容的标法一致，这里就不再讲述。

四、用数字万用表判断电感的好坏

①将万用表的挡位旋钮调到二极管挡。
②将万用表的两个表笔分别和电感的两端相接，接着查看显示屏上显示的数据，

如果测量的数据为几欧[姆]，说明电感正常；如果测量的数据偏大或为1，则电感损坏。

第四节　晶振

晶振是电路中常用的时钟元件，全称是晶体振荡器，在电路图上用字母 X、Y 或 Z 表示。晶振常常与时钟芯片配合使用，所以两元件距离常常很近。如图 2-24 所示为主板上常用的晶振。其中，32.768 kHz 晶振在时钟电路中使用；14.318 MHz 晶振在系统时钟电路中使用；24.5 MHz 和 25.0 MHz 一般用在音频电路和网络电路中使用。

电路符号　　　　等效电路

图 2-24　晶振

晶振中使用的是石英晶体，所以可以提供极其准确的时钟频率信号，这样时钟发生器能够正常工作，晶振的作用有些像弹钢琴时使用的节拍器，只不过晶振要比节拍器精确得多。

晶振和时钟芯片共同组成主板的时钟发生器（晶振产生振荡，然后分频为各部件提供不同的时钟频率），主板上多数部件的时钟信号由时钟发生器提供，时钟发生器是主板时钟电路的核心，如同主板的心脏。

第五节　二极管

半导体二极管又称晶体二极管，简称二极管（diode），用字母"VD"表示。二极管由一个 PN 结、两条电极引线和管壳构成。常见的二极管如图 2-25 所示。

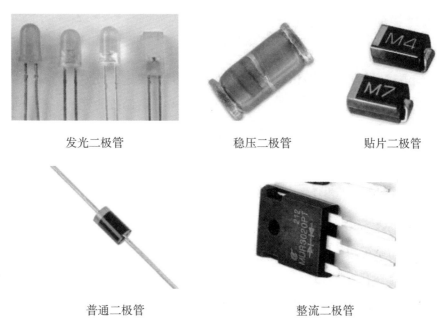

发光二极管　　　　　　　稳压二极管　　　　　　贴片二极管

普通二极管　　　　　　　　　整流二极管

图 2-25　电路上常见二极管

一、二级管的特性

二极管最重要的特性就是单向导电性。在电路中，电流只能从二极管的正极流入，负极流出。

1. 正向特性

在电子电路中，将二极管的正极接在高电位端，负极接在低电位端，二极管就会导通，这种连接方式称为正向偏置。必须说明，当加在二极管两端的电压很小时，二极管仍然不能导通，此时流过二极管的正向电流十分微弱。只有当正向电压达到某一数值（这一数值称为"门槛电压"，锗管约为 0.2 V，硅管约为 0.6 V）以上，二极管才能真正导通。导通后二极管两端的电压基本上保持不变（锗管为 0.2 ~ 0.3 V，硅管为 0.5 ~ 0.7 V），称为二极管的"正向压降"。

2. 反向特性

在电子电路中，二极管的正极接在低电位端，负极接在高电位端，此时二极管中几乎没有电流流过，二极管处于截止状态，这种连接方式称为反向偏置。二极管处于反向偏置时，仍然会有微弱的反向电流流过二极管，称为漏电流。当二极管两端的反向电压增大到某一数值，反向电流会急剧增大，二极管将失去单方向导电特性，这种状态称为二极管的击穿。

3. 击穿特性

当反向电压增加到某一数值时，反向电流急剧增大，这种现象称为反向击穿，此时的反向电压称为反向击穿电压。不同结构、工艺和材料制成的管子，其反向击穿电压值差异很大，可由 1 伏到几百伏，甚至高达数千伏。

二、二极管的分类

二极管的种类很多，如按使用的材料分类，可以分为锗管和硅管两大类。两者性能区别在于：锗管正向压降比硅管小（锗管为 0.2 ~ 0.3 V，硅管为 0.5 ~ 0.7 V）；锗管的反向漏电流比硅管大（锗管约为几百微安，硅管小于 1 μA）；锗管的 PN 结可以承受的温度比硅管低（锗管约为 100 ℃，硅管约为 200 ℃）。

如按用途可以分为普通二极管和特殊二极管。普通二极管包括检波二极管、整流二极管、开关二极管、稳压二极管；特殊二极管包括变容二极管、光电二极管、发光二极管 LED。二极管在电路中的符号如图 2-26 所示。

二极管　　　　　稳压二极管　　　　发光二极管

图 2-26　二极管符号

电路中常用的二极管有以下 7 种。

1. 整流二极管

整流二极管的内部结构为一个 PN 结，外形封装有金属壳封、塑料封装和玻璃封装等多种形式。其管芯大小随整流管的参数而异。整流二极管主要用于整流电路，利用二极管的单项导电性，将交流电变为直流电。由于整流管的正向电流较大，因此整流二极管多为面接触型的二极管，结面积大、结电容大，但工作频率低。2CP 系列管常用于小电流整流。

2. 检波二极管

就原理而言，从输入信号中取出调制信号是检波，以整流电流的大小（100 mA）作为界线通常把输出电流小于 100 mA 的称为检波。锗材料点接触型二极管的工作频率可达 400 MHz，正向压降小，结电容小，检波效率高，频率特性好，为 2AP 型。类似点触型那样检波用的二极管，除用于检波外，还能够用于限幅、削波、调制、混频、开关等电路。也有为调频检波专用的特性一致性好的两只二极管组合件。

3. 稳压二极管

稳压二极管在电子设备电路中，起稳定电压的作用。稳压二极管有金属外壳、塑料外壳等封装形式。

二极管的稳压作用是通过二极管的 PN 结反向击穿后，其两端电压变化很小，基本维持在一个恒定值来实现的。当反向电压小于击穿电压时，反向电流很小；当反向电压接近击穿电压时，反向电流剧增。稳压二极管在反向击穿前的导电特性与普通整流、检波二极管相似；在击穿电压下，只要限制其通过的电流（不超过额定值），它是可以安全工作在反向击穿状态下的。其管子两端电压基本保持不变，起到了稳压的作用。

4. 开关二极管

开关二极管是利用二极管的单向导电性，在半导体 PN 结加上正向偏压后，在导通状态下，电阻很小（从几十到几百欧）；加上反向偏压后截止，其电阻很大（硅管在 100 MΩ 以上）。利用二极管的这一特性，在电路中起到控制电流通过或关断的作用，成为一个理想的电子开关。开关二极管的正向电阻很小，反向电阻很大，开关速度很快。

常用开关二极管可分为小功率和大功率管形。小功率开关二极管主要使用于电视机、收录机及其他电子设备的开关电路、检波电路高频高速脉冲整流电路等。主要型号有 2AK 系列（用于中速开关电路）、2CK 系列（硅平面开关，适用于高速开关电路）等。合资生产的小功率开关管有 1N4148、1N4152、1N4151 等型号。大功率开关二极管主要用于各类大功率电源作续流、高频整流、桥式整流及其他开关电路。主要型号有 2CK27 系列、2CK29 系列及 FR 系列开关二极管（采用国外标准生产的、型号相同）等。

5. 变容二极管

变容二极管利用 PN 结电容随加到管子上的反向电压大小而变化的特性，在调谐等电路中取代可变电容。

6. 发光二极管 LED

发光二极管的内部结构为一个 PN 结，而且具有晶体管的通性，即单向导电性。当发光二极管的 PN 结加上正向电压时，由于外加电压产生电场的方向与 PN 结内电场的方向相反，使 PN 结势垒（内总电场）减弱，则载流子的扩散作用占了优势。于是 P 区的空穴很容易扩散到 N 区，N 区的电子也很容易扩散到 P 区，相互注入的电子和空穴相遇后会产生复合。复合时产生的能量大部分以光的形式出现，会使二极管发光。

发光二极管采用砷化镓、磷化镓、镓铝砷等材料制成。不同材料制成的发光二极管，能发出不同颜色的光。有发绿色光的磷化镓发光二极管，有发红色光的磷砷化镓发光二极管，有发红外光的砷化镓二极管，有双向变色发光二极管（加正向电压时发红光，加反向电压时发绿色光），还有三色变色发光二极管，等等。发光二极管的外形有圆形、方形、三角形、组合型等；封装形式有透明和散射两种；颜色有无色和着色之分。着色散射型用 W 表示，白色散射型用 W 表示，无色透明型用 C 表示，着色透明型用 T 表示。封装材料有金属、陶瓷和塑料 3 种，并以陶瓷和塑料为主。

7.光电二极管

光电二极管将光信号转换成电信号，有光照时，其反向电流随光照强度的增加而成正比上升，可用于光的测量或作为能源即光电池。

三、二极管的型号

根据国际 GB 249—1974 规定，二极管的型号由 5 部分组成，详情见表 2-7。

第一部分：用数字"2"表示二极管（数字"3"表示三极管）。

第二部分：材料和极性，用字母表示。

第三部分：类型，用字母表示。

第四部分：序号，用数字表示。

第五部分：规格，用字母表示。

表 2-7　二极管的型号

第一部分：主称		第二部分：材料与极性		第三部分：类型		第四部分：序号	第五部分：规格
数字	含义	字母	含义	字母	含义		
2	二极管	A	N 型锗材料	P	小信号管（普通管）	用数字表示同一类别产品序号	用字母表示产品规格、档次
				W	电压调整管和电压基准管（稳压管）		
				L	整流管		
				N	阻尼管		
		B	P 型锗材料	Z	整流管		
				U	光电管		

第一部分：主称		第二部分：材料与极性		第三部分：类型		第四部分：序号	第五部分：规格
数字	含义	字母	含义	字母	含义		
2	二极管	C	N 型硅材料	K	开关管	用数字表示同一类别产品序号	用字母表示产品规格、档次
				B 或 C	变容管		
				V	混频检波管		
		D	P 型硅材料	JD	激光管		
				S	隧道管		
				CM	磁敏管		
		E	化合物材料	H	恒流管		
				Y	体效应管		
				EF	发光二极管		

例如，二极管标注为"2CW56"，表示此二极管是 N 型硅材料稳压二极管。

四、二极管的参数

1. 最大正向电流

最大正向电流是在二极管不损坏的前提下，可以通过的最大正向平均电流。最大正向电流的决定因素是 PN 结的面积及材料的散热条件。一般地，PN 结的面积越大，最大正向电流越大。

2. 反向直流电流

反向直流电流反映的是二极管的单向导电性能的好坏，一个二极管的反向直流电流越小，它的单向导电性能就越好。

3. 最高工作频率

最高工作频率表示二极管具有良好的单向导电性的最高工作频率，它一般由二极管的工艺结构所决定。

4. 门槛电压

门槛电压是指二极管正向导通的起始电压，低于这个电压，二极管就不能导通。

五、二极管的识别方法

首先小功率二极管的 N 极（负极），大多采用一种色圈在二极管外壳上标志出来；有些二极管也用二极管专用符号来表示 P 极（正极）或 N 极（负极）；也有采用符号标志为"P""N"来确定二极管极性的。发光二极管的正负极可根据引脚长短来识别，长脚为正，短脚为负。

其次，当二极管外壳标注不清楚时，可以用万用表来判断。将万用表的两只表笔分别接触二极管的两个电极，若测出的阻值约为几十欧、几百欧或几千欧，则表示黑表笔所接触的电极为二极管的正极，红表笔所接触的电极为二极管的负极；若测出来的阻值约为几十千欧至几百千欧，则表示黑表笔所接触的电极为二极管的负极，红表笔所接触的电极为二极管的正极。

六、用数字万用表判断二极管的好坏

①将万用表的挡位旋钮调到二极管挡。

②将万用表的两个表笔分别和二极管的两个引脚连接，再将两个表笔分别对调连接二极管的两个引脚，然后对比显示屏的测量结果。如果测量的反向电阻值为"1"，正向电阻值为"200 ~ 700 Ω"，则正常；如果测量的正、反向电阻值为"1"，则二极管内部开路；如果正、反向电阻值均为"0"，则二极管内部被击穿短路；如果正、反向电阻值相差不大，则二极管质量太差，不能使用。

第六节　晶体管

晶体管可以说是电子电路中最重要的元器件，它最主要的功能是电流放大和开关作用。晶体管实际就是把两个晶体二极管同极相连，其中，共用的一个电极成为晶体管的基极（用字母 b 表示），其他的两个电极为集电极（用字母 c 表示）和发射极（用字母 e 表示）。

晶体管是电流控制器件，利用基区窄小的特殊结构，通过载流子的扩散和复合，实现了基极电流对集电极电流的控制，使晶体管有更强的控制能力，晶体管在电路中常用字母"V"表示，如图 2-27 所示。

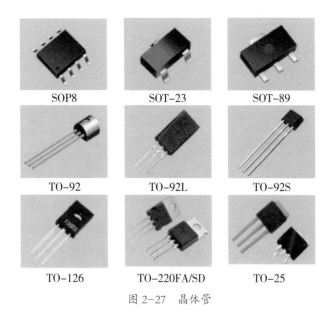

SOP8	SOT-23	SOT-89
TO-92	TO-92L	TO-92S
TO-126	TO-220FA/SD	TO-25

图 2-27　晶体管

一、晶体管的分类

晶体管的种类很多，具体分类如下：

①若按材料分，可分为硅晶体管、锗晶体管。

②按导电类型分，可分为 NPN 型和 PNP 型。其中，锗晶体管多为 PNP 型，硅晶体管多为 NPN 型。

③按用途分，依工作频率分为高频、低频和开关晶体管。

晶体管在电路中的符号如图 2-28 所示。

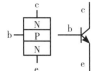
NPN 型晶体管

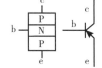
PNP 型晶体管

图 2-28　晶体三极管的图形符号

二、晶体三极管的作用

晶体三极管有 b 极、e 极和 c 极，一般小功率的晶体三极管引脚排序为 e—b—c，但如果晶体三极管的型号有后缀"R"，则其引脚排列顺序为 e—c—b。

晶体三极管的基本工作原理：当基极（输入端）输入一个较小的基极电流时，其集电极（输出端）将按比例产生一个较大的集电极电流，这个比例就是晶体三极管的电流放大系数。晶体三极管的作用主要有：

①放大。

②可以用作振荡器。

③具有开关作用。

④可以用作可变电阻。

⑤具有阻抗变换的作用。

三、晶体管的主要参数

1. 电流放大系数 β

β 描述的是晶体三极管对电流信号放大能力的大小，β 值越高，对小信号的放大能力越强；反之亦然。但 β 值不能做得很大，因为太大，晶体三极管的性能不太稳定。一般来说，晶体三极管的 β 值不是一个特定的值，它一般伴随着器件的工作状态而小幅度地改变。

2. 集电极、发射极击穿电压

它是晶体三极管的一项极限参数，指基极开路时所允许加在集电极与发射极之间的最大电压。如果工作电压超过此电压，三极管将可能被击穿。

3. 工作频率

它是晶体三极管的一个重要参数，晶体三极管的 β 值与工作频率有关，只有在一定的工作频率范围内 β 值才保持不变，如果超过频率范围的上限，它就会随着频率的升高而急剧下降。

四、三极管的工作状态及特点

截止状态：当加在晶体三极管发射极的电压小于 PN 结的导通电压，基极电流为零，集电极电流和发射极电流都为零时，晶体三极管失去了对电流的放大作用，集电极和发射极之间相当于开关的断开状态，我们称晶体三极管处于截止状态。

即 $U_{be} <$ 死区电压，$I_b=0$，$I_c=I_{ceo} \approx 0$

放大状态：当加在晶体三极管发射极的电压大于 PN 结的导通电压，并为某一恰当值时，晶体三极管的发射极正向偏置，集电极反向偏置，这时基极电流对集电极电流起着控制作用，较小的基极电流变化会引起较大的集电极电流变化，使晶体三极管具有电流放大作用，其电流放大倍数 $\beta = \Delta I_c / \Delta I_b$，这时晶体三极管处于放大状态。

即 be 结正偏，bc 结反偏，$I_c=\beta I_b$，且 $dI_c=\beta dI_b$

饱和状态：当加在晶体三极管发射极的电压大于 PN 结的导通电压，并当基极电流增大到一定程度时，集电极电流不再随着基极电流的增大而增大，而是处于某一定值附近，这时晶体三极管失去电流放大作用，集电极与发射极之间的电压很低，集电极和发射极之间相当于开关的导通状态。晶体三极管的这种状态称为饱和状态。

即 be 结正偏，bc 结正偏 ，即 $U_{ce} < U_{be}$，$\beta I_b > I_c$，$U_{ce} \approx 0.3\ V$。

五、用数字万用表判断晶体管的好坏

①找出基极。首先将万用表的挡位旋钮调到二极管挡，红表笔接任意引脚，黑表笔依次接触另外两个引脚，如果两次显示值均小于 1 V 或显示溢出符号"1"则红表笔所接的引脚就是基极 b。如果两次测试中，一次显示值小于 1 V，另一次显示溢出符号"1"，表明红表笔接的引脚不是基极 b，此时应改换其他引脚重新测量，直到找出基极。

②确定管型。将数字万用表置于二极管挡，红表笔接基极，用黑笔先后接触其他两个引脚，如果两次都显示 0.5 ~ 0.8 V，则被测管属于 NPN 型；若两次都显示溢出符号"1"，表明被测管属于 PNP 管。

③判别集电极 c 和发射极 e。以 NPN 型管为例，将数字万用表置于 HFE 挡，使用 PNP 插孔。把基极 b 插入 B 孔，剩余两个引脚分别插入 C 孔和 E 孔中。若测出的 HFE 为几十或几百，说明管子属于正常接法，放大能力强，此时 C 孔插的是集电极 c，E 孔插的是发射极 e。若测出的 HFE 值只有几或十几，则表明被测管的集电极 c 与发射极 e 插反了，这时 C 孔插的是发射极 e，E 孔插的是集电极 c。为了使测试结果更可靠，可将基极 b 固定插在 B 孔，把集电极 c 与发射极 e 调换重复测试 2 次，以显示值大的一次为准，C 孔插的引脚即是集电极 c，E 孔插的引脚则是发射极 e。

④测试好坏。以 NPN 型为例。将基极 b 开路，测量 c、e 极间的电阻。用万用表红笔接发射极，黑笔接集电极，若阻值在几万欧以上，说明穿透电流较小，管子能正常工作；若 c、e 极间电阻小，被测管子工作不稳定，在技术指标要求高的电路中不能使用；若测得值近似为 0，则管子已被击穿；若阻值为无穷大，则说明管子内部已经断路。

第七节　场效应管

MOS 场效应管也被称为 MOS FET，即 Metal Oxide Semiconductor Field Effect Transistor（金属氧化物半导体场效应管）的缩写。它一般有耗尽型和增强型两种。本书使用的为增强型 MOS 场效应管，其内部结构如图 2-29 所示。MOS 管和三极管一样也有 3 个电极分别为栅极 G（相当于三极管的 b 极）、漏极 D（相当于三极管的 c 极）、源极 S（相当于三极管的 e 极），按结构它可分为 NPN 型、PNP 型。NPN 型通常称为 N 沟道型，PNP 型也称为 P 沟道型。由图 2-29 可看出，对于 N 沟道的场效应管其源极和漏极接在 N 型半导体上，同样对于 P 沟道的场效应管其源极和漏极则接在 P 型半导体上。一般三极管是由输入电流控制输出电流。但对于场效应管，其输出电流是由输入的电压（或称电场）控制，可以认为输入电流极小或没有输入电流，这使得该器件有很高的输入阻抗，这也是我们称之为场效应管的原因。

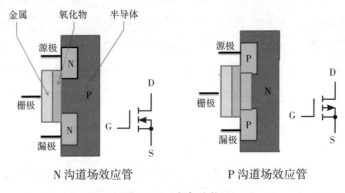

图 2-29　内部结构

为解释 MOS 场效应管的工作原理，我们先了解一下仅含有一个 PN 结的二极管的工作过程。如图 2-30 所示，我们知道在二极管加上正向电压（P 端接正极，N 端接负极）时，二极管导通，其 PN 结有电流通过。这是因为在 P 型半导体端为正电压时，N 型半导体内的负电子被吸引而涌向加有正电压的 P 型半导体端，而 P 型半导体端内的正电子则朝 N 型半导体端运动，从而形成导通电流。同理，当二极管加上反向电压（P 端接负极，N 端接正极）时，在 P 型半导体端为负电压，正电子被聚集在 P 型半导体端，负电子则聚集在 N 型半导体端，电子不移动，其 PN 结没有电流通过，二极管截止。

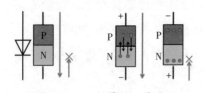

图 2-30　二极管的工作过程

对于场效应管，如图 2-31 所示，在栅极 G 没有电压时，由前面分析可知，在源极 S 与漏极 D 之间不会有电流流过，此时场效应管处于截止状态，如图 2-31（a）所示。当有一个正电压加在 N 沟道的 MOS 场效应管栅极上时，由于电场的作用，此时 N 型半导体的源极和漏极的负电子被吸引出来而涌向栅极，但由于氧化膜的阻挡，使得电子聚集在两个 N 沟道之间的 P 型半导体中，如图 2-31

（b）所示，从而形成电流，使源极和漏极之间导通。我们也可以想象为两个 N 型半导体之间为一条沟，栅极电压的建立相当于为它们之间搭了一座桥梁，该桥的大小由栅压的大小决定。图 2-31（c）（d）给出了 P 沟道的 MOS 场效应管的工作过程，其工作原理类似，在此不再重复。

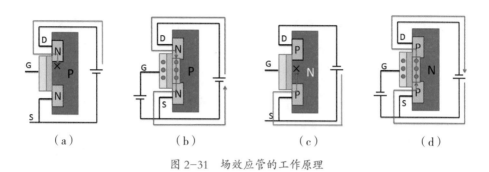

（a）　　　　（b）　　　　（c）　　　　（d）

图 2-31　场效应管的工作原理

寄生二极管的方向判断，如图 2-32 所示。

图 2-32　寄生二极管的方向判断

判断规则：N 沟道，由 S 极指向 D 极；P 沟道，由 D 极指向 S 极。

由 MOS 管 D 和 S 极之间的寄生二极管可以清晰地判断出 N、P 沟道。

下面简述一下 C-MOS 场效应管（增强型 MOS 场效应管）。

组成的应用电路的工作过程如图 2-33 所示。电路将一个增强型 P 沟道 MOS 场效应管和一个增强型 N 沟道 MOS 场效应管组合在一起使用。当输入端为低电平时，P 沟道 MOS 场效应管导通，输出端与电源正极接通。当输入端为高电平时，N 沟道 MOS 场效应管导通，输出端与电源地接通。在该电路中，P 沟道 MOS 场效应管和 N 沟道 MOS 场效应管总是在相反的状态下工作，其相位输入端和输出端相反。通过这种工作方式我们可以获得较大的电流输出。同时由于漏电流的影响，通常在栅极电压小

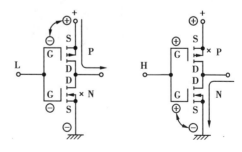

图 2-33　增强型 MOS 场效应管的工作过程

于 1 V 时（还没有到 0 V），MOS 场效应管即被关断。不同场效应管其关断电压略有不同。也正因为如此，使得该电路不会因为两管同时导通而造成电源短路。

一、场效应管的分类

场效应管分为结型、绝缘栅型两大类。结型场效应管（JFET）因有两个 PN 结而得名，如图 2-34 所示；绝缘栅型场效应管（JGFET）则因栅极与其他电极完全绝缘而得名。目前在绝缘栅型场效应管中，应用最为广泛的是 MOS 场效应管，简称 MOS 管（即金属 - 氧化物 – 半导体场效应管 MOSFET）；此外还有 PMOS、NMOS 和 VMOS 功率场效应管，以及 πMOS 场效应管、VMOS 功率模块等。

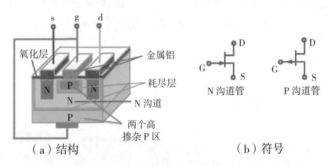

（a）结构　　　　　　　　　　（b）符号

结型场效应管的结构和符号

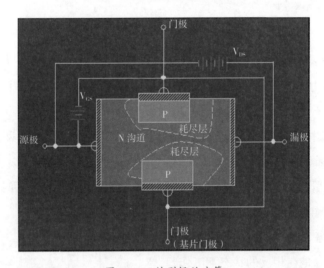

图 2-34　结型场效应管

按沟道半导体材料的不同，结型和绝缘栅型各分 N 沟道和 P 沟道两种。若按导电方式来划分，场效应管又可分为耗尽型与增强型。结型场效应管均为耗尽型，绝缘栅型场效应管既有耗尽型也有增强型。

场效应晶体管可分为结场效应晶体管和 MOS 场效应晶体管，而 MOS 场效应晶体管又分为 N 沟耗尽型和增强型，以及 P 沟耗尽型和增强型四大类，如图 2-35 所示。

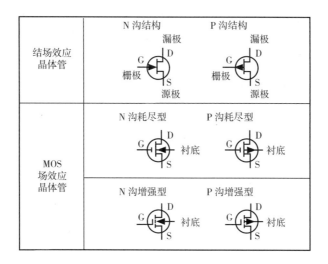

图 2-35　MOS 场效应晶体管的四大类型

二、特点及型号命名方法

与双极型晶体管相比，场效应管具有如下特点：

①场效应管是电压控制器件，它通过 V_{GS}（栅源电压）来控制 I_D（漏极电流）。

②场效应管的控制输入端电流极小，因此它的输入电阻（$10^7 \sim 10^{12}$ Ω）很大。

③它是利用多数载流子导电，因此它的温度稳定性较好。

④它组成的放大电路的电压放大系数要小于三极管组成的放大电路的电压放大系数。

⑤场效应管的抗辐射能力强。

⑥由于它不存在杂乱运动的电子扩散引起的散粒噪声，所以噪声低。

现行有两种命名方法。第一种命名方法与双极型三极管相同，第三位字母 J 代表结型场效应管，O 代表绝缘栅场效应管。第二位字母代表材料，D 是 P 型硅，反型层是 N 沟道；C 是 N 型硅，反型层是 P 沟道。例如 3DJ6D 是结型 N 沟道场效应管，3DO6C 是绝缘栅型 N 沟道场效应管。

第二种命名方法是 CS××#，CS 代表场效应管，×× 以数字代表型号的序号，# 用字母代表同一型号中的不同规格，如 CS14A、CS45G 等。

三、场效应管的参数

场效应管的参数很多，包括直流参数、交流参数和极限参数，但一般使用时关注以下主要参数：

1. 直流参数

饱和漏极电流 I_{DSS} 可定义为：当栅、源极之间的电压等于零，而漏、源极之间的电压大于夹断电压时，对应的漏极电流。

夹断电压 U_P 可定义为：当 U_{DS} 一定时，使 I_D 减小到一个微小的电流时所需的 U_{GS}。

开启电压 U_T 可定义为：当 U_{DS} 一定时，使 I_D 到达某一个数值时所需的 U_{GS}。

2. 交流参数

交流参数可分为输出电阻和低频互导两个参数，输出电阻一般为几十千欧到几百千欧，而低频互导一般在十分之几至几毫西门子的范围内，特殊的可达 100 mS，甚至更高。

低频跨导 g_m 是描述栅、源电压对漏极电流的控制作用。

极间电容场效应管是指 3 个电极之间的电容，其值越小表示管子的性能越好。

3. 极限参数

①最大漏极电流：管子正常工作时漏极电流允许的上限值。

②最大耗散功率：在管子中的功率，受到管子最高工作温度的限制。

③最大漏源电压：发生雪崩击穿时，漏极电流开始急剧上升时的电压。

④最大栅源电压：栅源间反向电流开始急剧增加时的电压值。

除以上参数外，还有极间电容、高频参数等其他参数。

使用时主要关注的参数有：

①饱和漏源电流 I_{DSS}：结型或耗尽型绝缘栅场效应管中，栅极电压 $U_{GS}=0$ 时的漏源电流。

②夹断电压 U_P：结型或耗尽型绝缘栅场效应管中，使漏源间刚截止时的栅极电压。

③开启电压 U_T：增强型绝缘栅场效应管中，使漏源间刚导通时的栅极电压。

④跨导 g_m：栅源电压 U_{GS} 对漏极电流 I_D 的控制能力，即漏极电流 I_D 变化量与栅源电压 U_{GS} 变化量的比值。g_m 是衡量场效应管放大能力的重要参数。

⑤漏源击穿电压 BU_{DS}：栅源电压 U_{GS} 一定时，场效应管正常工作所能承受的最大

漏源电压。这是一项极限参数，加在场效应管上的工作电压必须小于 BU_{DS}。

⑥最大耗散功率 P_{DSM}：一项极限参数，场效应管性能不被破坏所允许的最大漏源耗散功率。使用时，场效应管实际功耗应小于 P_{DSM} 并留有一定余量。

⑦最大漏源电流 I_{DSM}：一项极限参数，场效应管正常工作时，漏源间所允许通过的最大电流。场效应管的工作电流不应超过 I_{DSM}。

四、作用

①场效应管可应用于放大。由于场效应管放大器的输入阻抗很高，因此耦合电容容量可以较小，不必使用电解电容器。

②场效应管很高的输入阻抗非常适合作阻抗变换。常用于多级放大器的输入级作阻抗变换。

③场效应管可以用作可变电阻。

④场效应管可以方便地用作恒流源。

⑤场效应管可以用作电子开关。

五、常见的场效应管

1.MOS 场效应管

即金属—氧化物—半导体型场效应管，英文缩写为 MOSFET（Metal Oxide Semiconductor Field Effect Transistor），属于绝缘栅型。其主要特点是在金属栅极与沟道之间有一层二氧化硅绝缘层，因此具有很高的输入电阻（最高可达 10^{15} Ω）。它也分 N 沟道管和 P 沟道管。通常是将衬底（基板）与源极 S 接在一起。根据导电方式的不同，MOSFET 又分增强型、耗尽型。所谓增强型是指：当 $U_{GS}=0$ 时管子呈截止状态，加上正确的 U_{GS} 后，多数载流子被吸引到栅极，从而"增强"了该区域的载流子，形成导电沟道；耗尽型则是指，当 $U_{GS}=0$ 时即形成沟道，加上正确的 U_{GS} 时，能使多数载流子流出沟道，因而"耗尽"了载流子，使管子转向截止。

以 N 沟道为例，它是在 P 型硅衬底上制成两个高掺杂浓度的扩散区，即源扩散区 N+ 和漏扩散区 N+，再分别引出源极 S 和漏极 D。源极与衬底在内部连通，二者总保持等电位。当漏极接电源正极，源极接电源负极并使 $U_{GS}=0$ 时，沟道电流（即漏极电流）$I_D=0$。随着 U_{GS} 逐渐升高，受栅极正电压的吸引，在两个扩散区之间就感应出带负电的少数载流子，形成从漏极到源极的 N 型沟道，当 U_{GS} 大于管子的开启电压 U_{TN}（一般约为 +2 V）时，N 沟道管开始导通，形成漏极电流 I_D。

2.VMOS 场效应管

VMOS 场效应管（VMOSFET）简称 VMOS 管或功率场效应管，其全称为 V 形槽 MOS 场效应管。它是继 MOSFET 之后新发展起来的高效、功率开关器件。它不仅继承了 MOS 场效应管输入阻抗高（$\geqslant 10^8$ W）、驱动电流小（0.1 μA 左右）的优点，还具有耐压高（最高可耐压 1 200 V）、工作电流大（1.5 ~ 100 A）、输出功率高（1 ~ 250 W）、跨导线性好、开关速度快等优良特性。正是由于它将电子管与功率晶体管之优点集于一身，因此在电压放大器（电压放大倍数可达数千倍）、功率放大器、开关电源和逆变器中获得广泛应用。

众所周知，传统的 MOS 场效应管的栅极、源极和漏极大致处于同一水平面的芯片上，其工作电流基本上是沿水平方向流动。VMOS 管则不同，其具有两大结构特点：第一，金属栅极采用 V 形槽结构；第二，具有垂直导电性。由于漏极是从芯片的背面引出，所以 I_D 不是沿芯片水平流动，而是自重掺杂 N+ 区（源极 S）出发，经过 P 沟道流入轻掺杂 N– 漂移区，最后垂直向下到达漏极 D。因为流通截面积增大，所以能通过大电流。由于在栅极与芯片之间有二氧化硅绝缘层，因此它仍属于绝缘栅型 MOS 场效应管。

六、用数字万用表判断场效应管的好坏

①将万用表的挡位旋钮调到二极管挡。

②先将场效应管的 3 只引脚短接，接着两只表笔分别接触场效应管 3 只引脚中的两只，测量 3 组数据。如果其中两组数据为"1"，另一组数据为"300 ~ 800 Ω"，说明场效应管正常；如果其中一组数据为"0"，则说明场效应管被击穿。

第八节 集成电路

一、门电路

门电路是指能够实现各种基本逻辑运算的电路，门电路是构成组合逻辑网络的基

本部件，也是时序逻辑电路的组成部件之一。门电路包括与门、或门、非门（反相器）、与非门、或非门等。

1. 与门

与门的图形符号如图 2-36 所示。图中 A、B 为输入端，Y 为输出端。与门的逻辑关系为 $Y=AB$，即只有当输入端 A 和 B 均为"1"时，输出端 Y 才为"1"，否则 Y 为"0"。逻辑功能口诀：有"0"出"0"，全"1"出"1"。与门常用的芯片型号有 74HC08、74HC11 等。

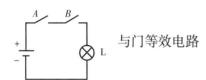
与门等效电路

A	B	Y	A	B	Y
0	0	0	1	1	1
0	1	0	1	0	0

与门真值表即：输入 A 与 B 有 0 输出 Y 为 0，全 1 输出 Y 为 1。

2. 或门

或门的图形符号如图 2-37 所示。图中 A、B 为输入端，Y 为输出端。或门的逻辑关系为 $Y=A+B$，即只有当输入端 A 和 B 中有一个为"1"时，输出端 Y 才为"1"；只有输入端 A 和 B 均为"0"时，Y 为"0"。或门常用的芯片信号有 74LS32。

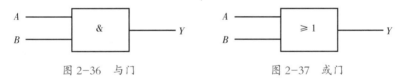

图 2-36　与门　　　　　　　　图 2-37　或门

由下面真值表得出当 A 和 B 全部为 0，输出 Y 为 0，即"全 0 出 0"，"有 1 出 1"。

A	B	Y
0	0	0
0	1	1
1	0	1
1	1	1

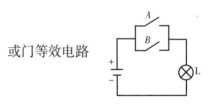
或门等效电路

3. 非门

非门也称为反向器，它的图形符号如图 2-38 所示。图中 A 为输入端，Y 为输出端。非门的逻辑关系为 $Y=\overline{A}$，即输出端总是与输入端相反。非门常用的芯片信号有 74LS04、74LS05、74LS06、74LS14 等。

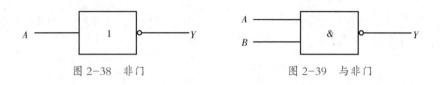

图 2-38　非门　　　　　　　　　图 2-39　与非门

4. 与非门

与非门的图形符号如图 2-39 所示。图中 A、B 为输入端，Y 为输出端。与非门的逻辑关系为 $Y=\overline{AB}$，即只有当输入端 A 和 B 均为 "1" 时，输出端 Y 才为 "0"，否则 Y 为 "1"，即 "有 0 出 1，全 1 才 0"。

与非门常用的芯片信号有 74LS00、74LS03、74LS31、74LS32 等。

5. 或非门

或非门的图形符号如图 2-40 所示。图中 A、B 为输入端，Y 为输出端。或非门的逻辑关系为 $Y=\overline{AB}$，即只有当输入端 A 和 B 中有一个为 "1" 时，输出端 Y 才为 "0"；只有输入端 A 和 B 均为 "0" 时，Y 为 "1"。即 "有 1 出 0，全 0 才 1"。

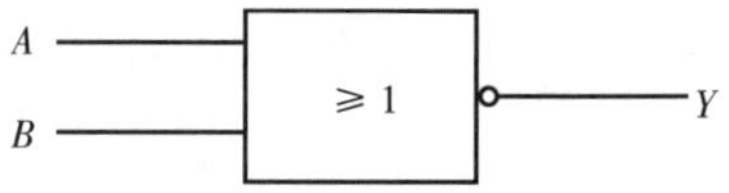

图 2-40　或非门

或非门常用的芯片信号有 74LS02。

二、触发器

触发器是时序电路的基本单元，在数字信号的产生、变换、存储、控制等方面有广泛应用。触发器的种类很多，主要有 RS 触发器、D 型触发器、JK 触发器、单稳态触发器等，在主板中一般用 74 双上升沿 D 触发器。

74 双上升沿 D 触发器具有数据输入端 D，时钟信号输入端 CP，输出端 Q1，D 型触发器输出状态的改变依赖于时钟脉冲的触发，即在时钟脉冲的触发下，数据由输入端 D 传输到输出端 Q2。如图 2-41 所示是 74 双上升沿 D 触发器的外观及其引脚图，表 2-8 是 74 双上升沿 D 触发器的功能。

表 2-8　74 双上升沿 D 触发器的功能

引脚	引脚功能
第 1 引脚和第 13 引脚	复位信号输入
第 2 引脚和第 12 引脚	数据信号输入
第 3 引脚和第 11 引脚	时钟信号输入
第 4 引脚和第 10 引脚	置位信号输入

引脚	引脚功能
第 5 引脚和第 9 引脚	输出端
第 6 引脚和第 8 引脚	反相输出端
第 7 引脚	地线
第 14 引脚	电源

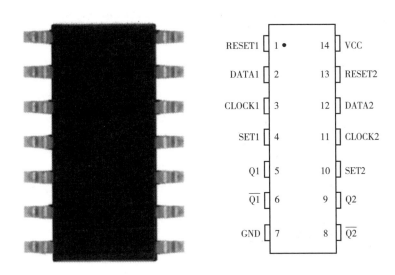

图 2-41　74 双上升沿 D 触发器的外观及其引脚图

三、集成稳压器

集成稳压器是指将不能稳定的直流电压变为稳定的直流电压的集成电路。由于集成稳压器具有稳压精度高、工作稳定可靠、外围电路简单、体积小、质量轻等优点，在各种电源电路中得到了越来越普遍的应用。集成稳压器一般分为线性集成稳压器和开关集成稳压器两大类。线性集成稳压器又可分为低压差和一般压差集成稳压器；开关集成稳压器则可以分为降压型，升压型和输入、输出极性相反型稳压器。

电路中常用的集成稳压器主要有 78L00 和 79L00 系列 LM317、1117、431 等。（78L 代表正电压输出，79L 代表负电压输出，00 代表输出电压）如 78L05、79L05、其中 78L05 三端稳压器的输入端电压为 8～40 V，输出电压为 5 V；79L05 三端稳压器的输入端电压为 –40～–8 V，输出电压为 –5 V；LM317 为可调三端稳压器，输出电压为 1.25 ～ 36 V；1117 为低压差三端稳压器，当输入 5 V 电压时，输出 3.3 V 电压，当输入电压为 3.3 V 时，输出电压为 2.5 V；431 为三端可调精度稳压器，它的作用是为其他需要进行电压比较的电路提供基准电压。

四、集成运算放大器

集成运算放大器是一种集成化的高增益的多级直接耦合放大器。集成运算放大器的种类较多，主要有通用型运算放大器、低功耗运算放大器、高精度运算放大器、高速运算放大器等。主板中常用的运算放大器主要有 LM358 双运算放大器，该运算放大器的特点是当正向输入端电压高于反相输入端电压时，输出高电平；反之，输出低电平。如图 2-42 所示为 LM358 芯片的外形及其引脚图，表 2-9 所示是 LM358 各引脚的功能。

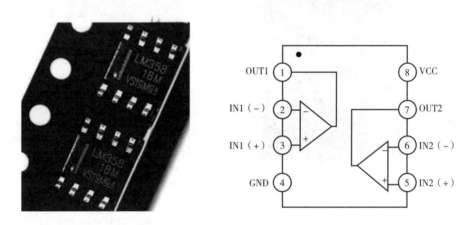

图 2-42　LM358 芯片的外形及其引脚图

表 2-9　LM358 各引脚的功能

引脚	功能
第 1 引脚和第 7 引脚	输出端
第 2 引脚和第 6 引脚	反向输入端
第 3 引脚和第 5 引脚	正向输入端
第 4 引脚	地线
第 8 引脚	电源

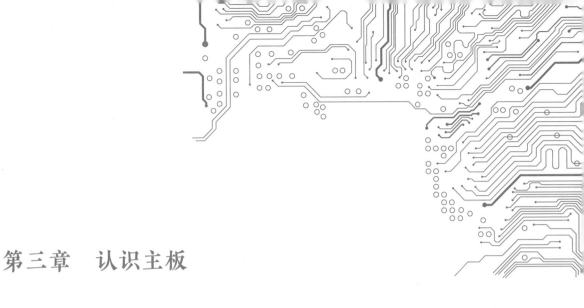

第三章 认识主板

第一节 概述

　　主板是计算机系统中最大的一块电路板，是整个计算机的中枢，如图 3-1 所示。计算机所有的部件及外设都通过主板与处理器连接在一起，并进行通信，然后处理器发出操作指令，由相应的设备执行，所以主板是把 CPU、存储器、输入 / 输出设备连接起来的纽带。主板的英文名为 "Mainboard" 或 "Motherboard"，简称 M/B。主板上布满了各种电子元器件、插槽、接口等。它为 CPU、内存和各种功能（声、图、通信、电视等）卡提供安装插座（槽）；为各种磁、光存储设备，打印和扫描等 I/O 设备以及数码相机、摄像头、调制解调器等多媒体和通信设备提供接口。计算机在正常运行时对系统内存，外设和其他 I/O 设备的操作都必须通过主板来完成，因此计算机的整体运行速度和稳定性在相当程度上取决于主板的性能。

图 3-1　主板

第二节 主板的主要元器件

主板由印刷电路板（PCB）、集成芯片、电子元器件、插槽及插座、外部接口及其他部件组成。

一、印刷电路板

印刷电路板的主要功能是连接主板上的各个集成芯片、电子元器件、插槽、接口等部件。印刷电路板的基板由绝缘材料做成，基板上面覆盖有铜箔，在制造过程中部分铜箔被处理掉，留下来的部分就变成了细小的线路，这些线路称为"导线"，用于电路板上各个元件的连接。印刷电路板一般分为4层，最顶层和最底层是信号层，中间两层分别是接地层和电源层，将接地层和电源层放在中间可以有效地防止信号互相干扰。现在计算机的印刷电路板通常做到6层甚至更多，如图3-2所示为印刷电路板。

图 3-2 印刷电路板

二、集成芯片

集成芯片是采用半导体制作工艺，在一块较小的单晶硅片上制作的许多晶体管，并按照多层布线或隧道布线的方法将晶体管组合成各种电子电路，再加上电路板上的外围线路就组成了一个功能完整的电子电路。主板最常见的集成芯片有南桥芯片、北桥芯片、I/O 控制芯片、时钟芯片、BIOS 芯片等。

1.芯片组

芯片组是主板的灵魂与核心。芯片组性能的优势，决定了主板性能的好坏与级别的高低。芯片组一般由两个大的芯片组成，这两个芯片就是人们常说的南桥芯片和北桥芯片，如图 3-3 所示。

图 3-3　芯片组

"南桥""北桥"得名于芯片在主板上的位置，北桥芯片位于 CPU 插座与 AGP 插槽的中间，其芯片体型较大，由于工作强度高、发热量较大，因此一般在该芯片的上面覆盖一个散热片或者散热风扇；南桥芯片一般位于主板的下方，PCI 插槽附近。

北桥芯片主要负责联系 CPU 和控制内存，它提供对 CPU 类型、主频、内存类型及容量、PCI、AGP 插槽等硬件的支持。北桥芯片损坏后的现象一般是主板不启动，有时启动后又不断死机。

南桥芯片主要负责支持键盘控制器、USB 接口、实时时钟控制器、数据传递方式和高级电源管理。南桥芯片损坏后的现象也为主板不启动，会导致某些外围设备不能用，如 IDE 接口、FDD 接口等。因为南北桥芯片比较贵，焊接又比较特殊，取下它们需要专门的 BGA 仪器，所以一般维修点无法修复南北桥芯片，而一般落伍的主板也没有必要维修。

目前常见的芯片厂家有 Intel 公司、VIA（威盛）公司、AMD 公司、ALI（扬智）公司、SIS（矽统）公司、NVIDIA 公司、ATI 公司，其中，Intel 公司与 VIA（威盛）公司处在芯片组的前列，NVIDIA 公司是后来者居上。

各个公司主要芯片组产品见表 3-1。

表 3-1　主要芯片组产品

处理器厂家	接口类型	对应处理器	芯片组
AMD	Socket AM2	Athlon 64 Athlon 64 FX Athlon 64 X2 64 位 Sempron	VIA 公司的 K8T900、K8T890、K8M890、K8T800 NVIDIA 公司的 NForce4、NForce 500 SLI、NForce 570 SLI、NForce 590 SLI、NForce 4 SLI、NForce 6100、C51、C61 SIS 公司的 SIS755、SIS964AMD 公司的 690
	Socket 754	64 位 Sempron Athlon	NVIDID 公司的 NForce 4、NForce 3 250
Intel	LGA775	Celeron D Pentuim 4 5XX Pentuim 4 6XX Pentium D Core 2 Duo Core 2 Extreme Core 2 Quad	Intel 公司的 1975X、1965、1945P、1945G、1955X、1925X、1915P、1915G、1915GV NVIDIA 公司的 NForce4 SLI、NForce 680iSLI、NForce 650ISLI VIA 公司的 PT890、PM890、P4M890、P4M900
	Socket	Pentium 4	Intel 公司的 1875P、1865PE、1915P、1915G、1915GV

2. I/O 芯片

I/O 是英文 Input/Output 的缩写，意思是输入与输出。I/O 芯片的功能主要是为用户提供一系列输入、输出的接口，如鼠标键盘接口（PS/2 接口）、串口（COM 口）USB接口、软驱接口等都统一由 I/O 芯片控制。部分 I/O 芯片还提供系统温度检测功能，在BIOS 中显示的系统温度原始的来源就是由它提供的。

I/O 芯片个头比较大，能够清楚地辨别出来，如图 3-4 所示；它一般位于主板的边缘地带，目前流行的 I/O 芯片有 ITE 公司的 IT8712F-S 和 Winbond 的 W83627EHG 等。

图 3-4　I/O 芯片

I/O 芯片的工作电压一般为 5 V 或 3.3 V，电源管理芯片为 12 V 或 5 V，I/O 芯片直接受南桥芯片控制，如果 I/O 芯片出现问题，轻则会使某个或全部 I/O 设备无法正常工作；重则会造成整个系统的瘫痪。假如主板找不到键盘或串、并口失灵，其原因很可能是为它们提供服务的 I/O 芯片出现了不同程度的损坏。平时所说的热插拔操作就是针对保护 I/O 芯片提出的。因为进行热插拔操作时，会产生瞬间强电流，很可能烧坏 I/O 芯片。

常见 I/O 芯片的型号有：

①Winbond 公司：83627HF–AW、83627THF、83627EHF、83697HF、83977EF、83627F 等。

②ITE 公司：ITE8712、ITE8702、ITE8705、ITE8716、ITE8718 等。

③SMSC 公司：LP47M172、LPC47B272 等。

3. 时钟芯片

如果把计算机系统比喻成人体，CPU 当之无愧就是人的大脑，而时钟芯片就是人的心脏。通过时钟芯片给主板上的芯片提供时钟信号，这样主板上的芯片才能够正常地工作，如果缺少时钟信号，主板将陷入瘫痪。

时钟芯片需要与 14.318 MHz 的晶振连接在一起，为主板上的其他部件提供时钟信号，时钟芯片位于 AGP 插槽的附近。放在这里也是很有讲究的，因为时钟芯片给 CPU、北桥芯片、内存等的时钟信号线要长，所以这个位置比较合适。时钟芯片的作用也非常重要，它能够给整个计算系统提供不同的频率，使得每个芯片都能够正常地工作。如果没有这个频率，很多芯片可能会罢工。时钟芯片一旦被损坏，主板将无法工作。

图 3–5   时钟芯片和 14.318 MHz 晶振

现在很多主板都具有线性超频的功能，其实这个功能就是由时钟芯片提供的，如图 3-5 所示为时钟芯片和 14.318 MHz 晶振。

常见的时钟芯片型号有：

①ICS 系列：950213AF、93725AF、950228BF、952607EF 等。

②Winbond 系列：W83194R、W211BH、W485112–24X 等。

③RTM 系列：RTM862–480、RTM560、RTM360 等。

4. BIOS 芯片

BIOS 全称为基本输入、输出系统（Basic Input Output System），它是一组固化到主板上的一个 ROM 芯片上的程序。

图 3-6　BIOS 芯片

主板上的 BIOS 模块是由 BIOS Firmware（固件）和 BIOS 芯片两部分组成的，如图 3-6 所示。Firmware 烧录在 BIOS 芯片（Flash ROM）中。它保存着计算机最重要的基本输入、输出程序，系统设置信息，开机上电自检程序（Power On Self Test，即 POST）和系统引导程序等。其主要功能是为计算机提供最底层的、最直接的硬件设置和控制。

BIOS 芯片的主要功能如下：

①自检及初始化。开机后 BIOS 最先被启动，然后它会对计算机的硬件设备进行完全彻底的检验和测试，即我们常说的 POST 自检。如果发现问题，分两种情况处理：严重故障停机，不给出任何提示或信号；非严重故障则给出屏幕提示或声音报警信号，等待用户处理。如果未发现问题，则将硬件设置为备用状态，然后启动操作系统，把对计算机的控制权交给用户。

②程序服务。BIOS 直接与计算机的 I/O（Input/Output，即输入 / 输出）设备打交道，通过特定的数据端口发出命令，传送或接收各种外部设备的数据，实现软件程序对硬件的直接操作。

③设定中断。开机时，BIOS 会告诉 CPU 各硬件设备的中断号，当用户发出使用某个设备的指令后，CPU 就根据中断号使用相应的硬件完成工作，再根据中断号跳回原来的工作。

常见的 BIOS 芯片型号主要有以下几种：

①Winbond 公司的 W49F020、W49F002、W49V002FAP 等。

②SST 公司的 29EE020、49LF002、49LF004 等。

③Intel 公司的 82802AB 等。

5. 电源管理芯片

电源管理芯片的功能是根据电路中反馈的信息，在内部进行调整后，输出各路供电或控制电压，主要负责识别 CPU 供电幅值，为 CPU、内存、AGP、芯片组等供电。如图 3-7 所示为电源管理芯片。

电源管理芯片的供电一般为 12 V 或 5 V，电源管理芯片损坏将造成主板不工作。

常见的电源管理芯片的型号有：

①RT 系列：RT8855、RT9222、RT9231、RT9224、RT9238、RT9602 等。

②SC 系列：SC1164、SC1189、SC1185、SC1402ISS、SC1185ACSW 等。

图 3-7　电源管理芯片

③RC 系列：RC5051、RC5057 等。

④LM 系列：LM2638、LM2637、LM2637M 等。

⑤ISL 系列：ISL6524CB、ISL6524、ISL6556BCB 等。

⑥HIP 系列：HIP6501、HIP6004、HIP6521、HIP6602、HIP6018 等。

⑦ADP 系列：ADP3168、ADP3148、ADP3422 等。

6. 音频芯片

音频芯片是主板集成声卡的一个声音处理芯片，音频芯片是一个正正方方的芯片，四周都有引脚，一般位于第一根 PCI 插槽附近，靠近主板边缘的位置，在它的周围整整齐齐地排列着电阻和电容，所以能够比较容易辨认出来，如图 3-8 所示。

7. 网卡芯片

网卡芯片是主板上用来处理网络数据的芯片，一般位于音频接口或 USB 接口附近，如图 3-9 所示。

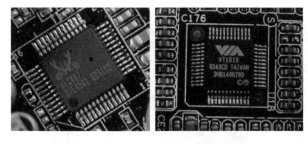

图 3-8　音频芯片　　　　　　　　　　　图 3-9　网卡芯片

常见的网卡芯片的型号有 Intel RC82545EM、VIA VT6105L、Realtek 8139D、SiS900、DL10030A、RTL8001 等。

8. 串口芯片

串口芯片主要负责控制 COM 口的工作。串口芯片有 20 脚和 48 脚两种，一般位于主板串口附近，如图 3-10 所示为串口芯片。

图 3-10　串口芯片

串口芯片的工作电压主要有 ±12 V 和 5 V 两种。串口芯片由 I/O 芯片控制，如果串口芯片损坏，将导致串口无法正常工作。

常见的串口芯片的型号有 GD75232、ST75185C、HT6571、IT8687R 等。

三、插槽及插座

1. CPU 插座

CPU 插座是主板上最重要的插座，一般位于主板的中上方，它的上面布满了一个个"针孔"或"触角"，而且边上还有一个固定 CPU 的拉杆。CPU 插座的接口方式一般与 CPU 对应，目前主流的 CPU 插座主要有 Intel 公司的 1155 插座，如图 3-11 所示，以及 AMD 公司的 Trinity 的 Athlon II X4 740、Athlon II X4 740K 等用的 FM2 插座，如图 3-12 所示。

图 3-11　Intel 公司的 1155 插座　　　　图 3-12　AMD 公司的 FM2 插座

2. 内存插槽

内存插槽是用来安装内存条的，它是主板上必不可少的插槽，一般主板中都有两三个内存条插槽供升级时使用。目前市场上的内存主要有 DDR3 和 DDR4 两种。其中，DDR4 内存是目前最常见的，DDR3 内存和 DDR4 内存的针脚、工作电压、性能都不相同，所以与之配套的内存插槽也不尽相同，如图 3-13 所示为内存插槽。

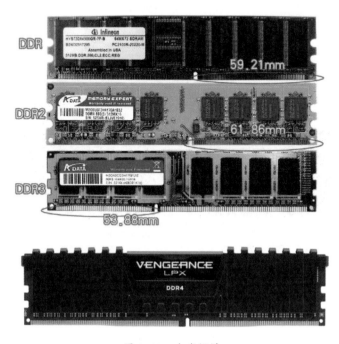

图 3-13　内存插槽

3. 总线扩展槽

总线扩展槽是用于扩展计算机功能的插槽。扩展槽是总线的延伸，在它上面可以插入任意的标准选件，如显卡、声卡、网卡等。

主板中的总线扩展槽主要有 ISA、PCI、AGP、PCI Express（PCI-E）、AMR、CNR、ACR 等。其中 ISA 总线扩展槽已经被淘汰，AMR、CNR、ACR 等总线扩展槽用得也比较少，而 PCI-E 总线扩展槽和 PCI 总线扩展槽是目前的主流。

① PCI 总线扩展槽。

PCI（Peripheral Component Interconnection）是外设部件互联总线，它是 Intel 公司开发的一套局部总线系统，它支持 32 位或 64 位的总线宽度，频率通常为 33.3 MHz。目前最快的 PCI 2.0 总线的频率为 66 MHz，带宽可以达到 133/266 MB/s。PCI 扩展槽一般为白色，如图 3-14 所示。

不上网的讲解及
检修方法

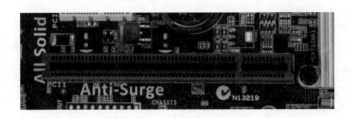

图 3-14　PCI 总线扩展槽

②AGP 总线扩展槽。

AGP（Accelerated Graphic Port）是加速图形接口，实际上，它不是一个真正意义上的总线，只能用于显卡。AGP 总线使用 66 MHz、133 MHz 总线频率，带宽可以达到266/533/1 066/2 132 MB/s，如图 3-15 所示。

图 3-15　AGP 总线扩展槽

AGP 标准分为 AGP 1X、AGP 2X、AGP 4X、AGP 8X 等，表 3-2 给出了各个标准的参数对比。

表 3-2　AGP 标准参数

AGP 标准	AGP 1.0	AGP 1.0	AGP 2.0	AGP 3.0
AGP 接口	AGP 1X	AGP 2X	AGP 4X	AGP 8X
工作频率 /MHz	66	66	66	66
传输带宽 /（MB·s^{-1}）	266	533	1 066	2 132
工作电压 /V	3.3	3.3	1.5	1.5
单信号出发次数	1	2	4	4
数据传输位宽 /bit	32	32	32	32
触发信号频率 /MHz	66	66	133	266

③ PCI-E 总线扩展槽。

PCI-E 是 PCI Express 的简称，是最新的总线扩展槽，由 Intel 公司提出的总线和接口标准，目前应用在显卡的接口上。PCI-E 接口采用了目前业内流行的点对点串行连接，使每个设备都有自己的专门连接。不需要向整个总线请求带宽，而且可以把数据传输率提高到一个很高的频率。PCI-E 的传输速度可以达到 2.5 GB/s，PCI-E 的规格主要有 PCI-E X1、PCI-E X16、PCI-E X32 等，如图 3-16 所示。

图 3-16　PCI-E 总线扩展槽

四、外部接口及其他

IDE 端口的讲解及
检修方法

1. IDE 接口

IDE（Integrated Drive Electronics）是电子集成驱动器，其本意是指把"硬盘控制器"与盘体集成在一起的硬盘驱动器。IDE 接口是目前在主板上应用较少的一种接口，主要用于连接硬盘和光驱。此接口有 40 根针脚，如图 3-17 所示。

如果主板上有两个 IDE 接口，那么它们就会有主、从之分。假设在两个接

图 3-17　IDE 接口

口上分别接一个硬盘，那么 IDE1 为主盘，接在 IDE2 上的硬盘则为从盘，计算机一般都是从主盘进行系统启动。如果在一个 IDE 接口上安装了两个硬盘，那么就必须用硬盘跳线设置一个硬盘为主盘，另一个硬盘为从盘，这样才能正常工作。

2. Serial ATA 接口

Serial ATA 即串行 ATA，它是目前硬盘中采用的一种新的接口类型。Serial ATA 接口主要采用连续串行的方式传送资料，这样在同一时间点内只会有 1 位数据传输，此做法能减少接口针脚数目，用 4 个针脚就能完成所有的工作（第 1 针脚发出，第 2 针脚接收，第 3 针脚供电，第 4 针脚地线），如图 3-18 所示为 Serial ATA 数据线及接口。

3. USB 接口

USB（Universal Serial Bus）接口即通用串行总线接口，它是一种性能非常好的接口。它可以连接 127 个 USB 设备，传输率可达到 12 Mbps（1.5 MB/s），USB 2.0 标准可达到 480 Mbps（60 MB/s），USB3.0 可达到 5.0 Gbps（500 MB/s）。USB 不需要单独的供

图 3-18　Serial ATA 数据线（左）及接口（右）

电系统，而且还支持热拔插，不需要频繁地开关机。

目前 USB 接口被普遍应用于各种设备，如硬盘、调制解调器、打印机、扫描仪、数码相机等，主板一般有 4/8 个 USB 接口，如图 3-19 所示。

4. IEEE 1394 接口

IEEE 1394 接口是一种高速串行总线，传输速率可达到 400 Mbps（50 MB/s），利用 IEEE 1394 接口可以轻易地连接计算机和摄像头、音响等多组多媒体设备。IEEE 1394 接口可以连接至少 63 个设备，支持实时数据传输（Real-Time Data Transfer），支持热插拔，驱动程序安装简单，数据传输速度快。新的 IEEE 1394b 标准的传输速度可达到 800 Mbps（100 MB/s）。如图 3-20 所示为 IEEE 1394 接口，目前已很少出现在主板上。

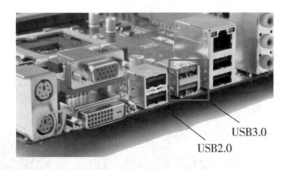

USB3.0

USB2.0

图 3-19　USB 接口

图 3-20　IEEE 1394 接口

5. 电源与外设接口

①电源接口。

目前主板电源接口插座主要采用 ATX 电源接口，ATX 电源接口一般为 2 排 20 针电源接口、24 针电源接口、8 针电源接口、4 针电源接口等，主要为主板提供 ±5 V、±12 V、3.3 V 电压等，ATX 电源支持软件关机功能，如图 3-21 所示。

目前双核 CPU 主板上的电源插座一般都为 24 针电源接口和 8 针电源接口，以提

（a）20 针电源接口　　　　（b）4 针电源接口

（c）24 针电源接口　　　　（d）8 针电源接口

图 3-21　电源接口

供更大的功率。

②外设接口。

ATX 主板一般将接口集成在主板上，包括 PS/2 键盘接口、PS/2 鼠标接口、USB 接口、网络接口等，如图 3-22 所示。

图 3-22　外设接口

第三节　主板的结构及分类

一、主板的分类

主板又称为主机板（mainboard）、系统板（systembourd）和母板（motherboard）。它安装在机箱内，是微机最基本的也是最重要的部件之一。其性能好坏对整个计算机系统有着非常直接和重要的影响。因为主板是整个计算机内部结构的基础，它主要起到协调计算机中 CPU、内存、显卡、存储器、声卡、网卡、I/O 等设备的作用。计算机通过主板将各种硬件和外部设备结合起来，从而形成一套完整的系统。

计算机主板的类型和性能,决定整个计算机的系统性能,按照不同的类型分类方法,我们可以将计算机主板分成很多类别，以便区分和记忆。

1.按照主板的结构分类

按照计算机主板的结构尺寸分类主要可分为 AT 主板、ATX 主板和 NLX 主板三大类。

①AT 主板。

AT 是一种主板尺寸大小和结构的规范，主板尺寸一般为 13 in×12 in（1 in=25.4 mm）。该类主板的特征是串口和打印口等需要用电缆连接后安装在机箱后框上，现在已经被淘汰。AT 主板如图 3-23 所示。

②ATX 和 Micro ATX 主板。

ATX 和 Micro ATX 主板是 Intel 公司制订的主板标准。ATX 是 AT Extend 的缩写。ATX 主板的尺寸为 12 in×9.6 in，ATX 主板对 AT 主板做了改进，主要是调整了主板上各元器件的相对位置，ATX 主板将 AT 主板上的组件旋转了 90°，并将串口、并口和鼠标接口等直接设计在主板上，取消了连接电缆，使串口、并口、键盘等接口集中在一起，对机箱工艺有一定的要求，主板布局更加合理，如图 3-24 所示为 ATX 主板。Micro ATX 主板的尺寸为 9.6 in×9.6 in（约为 244 mm×244 mm）。

图 3-23　AT 主板

图 3-24　ATX 主板

图 3-25　NLX 主板

③NLX 主板。

NLX 是 Now Low Profile Extension 的缩写，意思为新型小尺寸扩展结构,这是进口品牌机经常使用的主板。NLX 主板将所有的 I/O 接口、板卡和电源连接线全部集成在一块扩展卡上，此卡上有 PCI 等扩展卡、软 / 硬盘接口，使用时只要将此卡插在主板上即可。这样可以将机箱尺寸做得比较小，同时使主板的拆装变得非常简单。NLX 主板主要应用在品牌原装机上，如图 3-25 所示。

2. 按主板采用的不同厂家芯片组（Chipset）来分类

如果以主板采用的芯片组不同来划分，我们根据生产芯片组的厂家不同，将主板划分为以下几类：

①Intel 芯片组主板，如图 3-26 所示。

（英特尔）

图 3-26　Intel 芯片组主板

②VIA 芯片组主板，如图 3-27 所示。

（威盛）

图 3-27　VIA 芯片组主板

③SIS 芯片组主板，如图 3-28 所示。

（系统）

图 3-28　SIS 芯片组主板

④NVIDIA 芯片组主板，如图 3-29 所示。

（英伟达）

图 3-29　NVIDIA 芯片组主板

⑤ATI 芯片组主板，如图 3-30 所示。

（治天）

图 3-30　ATI 芯片组主板

二、主板的结构

由于主板中的元器件非常多，而且功能也各不相同，因此在学习主板维修前，应先了解主板的架构和主要元器件的功能，从而对主板有一个整体的认识。

主板是计算机中关键的部分，它连接了芯片组、各种 I/O 控制芯片、扩展槽、电源插座等部件。根据主板上各元器件的布局排列方式、尺寸大小、形状，以及所使用的电源规格等，业界对主板及其使用的电源、机箱等制订了相应的工业标准，也就是"结构规范"。

主板的发展历史上出现了 AT、ATX、Micro ATX、NLX 等多种类型的结构规范，其中又以 AT、ATX 两种结构最为有名。AT 结构主要用于早期的 586 机型中，现早已被淘汰，而 ATX 结构则是目前的主流规范标准。

目前 ATX 主板的结构组成基本相似。主板上的元器件主要有 CPU 插座、内存插槽、总线扩展槽、芯片组、软 / 硬盘接口、外设接口、BIOS 芯片等，如图 3-31 所示。

随着主板的不断发展，主板的功能也在不断地变化，为了支持不同的硬件设备，主板通常采用不同的架构来满足用户的需求，如图 3-32 所示为主板的架构图。从图中可以清楚地了解主板的功能。

图 3-31　主板的组成

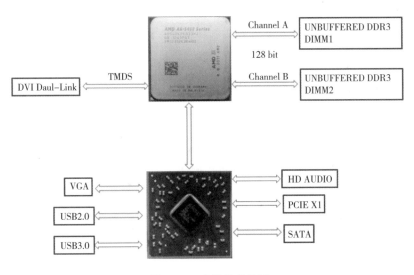

图 3-32 主板的架构图

第四节 主板上常见的英文标识

由于主板上的电子元器件非常多，而主板的地方又有限，因此各个元器件通常采用缩写的方式进行标识，如图 3-33 所示。

图 3-33 主板上常见的英文标识

1. 硬盘和软驱在主板上的标识

①PRI 和 SEC、IDE 等表示硬盘和光驱接口。

②SATA1、SATA2 或 JSATA1、JSATA2 表示硬盘串行接口。

③FLOPPY 或 FDD1 表示软驱接口。

2. CPU 插座在主板上的标识

LGA 1150、LGA 1155、SOCKET 906、SOCKET AM2 表示 CPU 插座类型，如 LGA 1150 CPU 插座，这里的 1150 表示 CPU 的针脚数。

3. 内存插槽在主板上的标识

DIMMA1、DIMMB1 和 DDR1、DDR2、DDR3 表示使用的内存插槽序号。

4. 扩展槽在主板上的标识

PCIE X11、PCIE X12、PCIE X16、PCI 1、PCI 2、AGP、CNR、ACR 等表示主板的扩展槽类型。

5. 电源接口在主板上的标识

①ATX1 或 EATXPWR 表示 24 针或 20 针 ATX 电源接口。

②ATX12V 或 ATX2 表示 CPU 供电的专用 12 V 接口（2 黄、2 黑，共 4 根）。

③ATXP5 或 EATXPWR2 表示内存供电接口（1 红、2 橙、3 黑，共 6 根）。

6. 风扇接口在主板上的标识

①CPUFAN 表示 CPU 风扇。

②PWRFAN 表示电源风扇。

③CASFAN、CHASSISFAN 或 SYSFAN 等表示机箱风扇电源接口。

④FRONTFAN 表示前置机箱风扇。

⑤REARFAN 表示后置机箱风扇。

7. 面板接口在主板上的标识

①FPANEL 或 FRONT PNL1 表示前置面板接口。

②RESET 或 RST 表示复位。

③LED 表示发光二极管，有正负极区分。当接反时不发光，其正常工作电压红色、绿色、黄色为 1.8 ~ 2.5 V，蓝色为 4 V 左右，白色为 5 V。

④PWRSW 或 PWON 表示电源开关。

⑤PWRLED 表示电源指示灯。

⑥ACPILED 表示高级电源管理状态指示灯。

⑦TURBOLED 或 TBLED 表示加速状态指示灯。

⑧HDLED 或 IDELED 表示硬盘指示灯，同样也有正负之分，HD+ 和 HD− 分别表示硬盘指示灯的正极和负极。

⑨BZ1 表示蜂鸣器。

⑩SPEAKER 或 SPK 表示主板扩音器接口。

8. 外设接口在主板上的标识

①LPT 或 PARALL 表示打印机接口。

②COM 1 或 COM 2 表示串行通信端口，也是外置调制解调器接口。

③RJ45 表示内置网卡接口。

④JAUDIO 或 AUDIO 表示板载音频输出接口。如果机箱有前置耳机或话筒插孔，并且其接口符合板载 AUDIO 接口，那么则可以方便地同时使用前置或后置音频输出，不必来回地插拔。

⑤USB 或 USB1 及 USB2、FNT USB 等表示主板的前置或后置 USB 接口。

⑥MSE/KYBD 表示键盘和鼠标接口。

⑦CDIN1 和 JCD 表示 CD 音频输入接口。

⑧AUXIN1 和 JAUX 表示线路音频输入接口。

⑨FAUDIO 表示前置音频输入 / 输出接口。

⑩MODEMIN1 表示内置调制解调器输入接口。

第五节　主板的电路组成

计算机主板主要由三类构件组成：电路元器件（包括集成电路、电阻、电容等）、各种插槽座接口和多层电路板。另外，主板的电路又由软开机电路、供电电路、时钟电路、复位电路、BIOS 和 CMOS 电路及接口电路等组成。

一、主板开机电路

主板开机电路主要是控制计算机的开启与关闭，以南桥芯片或 I/O 芯片内部的电源管理控制器为核心，结合开机键及外围门电路触发器来控制电路的触发信号，再由南桥芯片或 I/O 芯片向末级三极管发出控制信号，使三极管导通，ATX 电源向主板及其他负载供电。

二、主板供电电路

主板供电电路的最终目的就是在负载（如 CPU）电源输入端达到负载对电压和电流的要求，满足正常工作的需要。主板供电电路主要包括 CPU 供电电路、芯片组供电电路、内存供电电路等几种，如图 3-34 所示，图中显示部分为供电电路的元器件。

1，4—电解电容；2—场效应管；3—电感；5，6，8—电源管理芯片；7—主电源管理芯片

图 3-34　主板供电电路

三、主板时钟电路

主板时钟电路用于给 CPU、主板芯片组、各级总线和主板各个接口提供基本的工作频率。有了它，计算机才能在 CPU 的控制下，有序、协调地完成各项功能工作。如图 3-35 所示为主板时钟电路。

图 3-35　主板时钟电路

四、主板复位电路

主板复位电路的主要目的是使主板及其他部件进入初始化状态。对主板进行复位的过程就是对主板及其他部件进行初始化的过程。它是在供电、时钟正常时才开始工作的。

五、主板 BIOS 和 CMOS 电路

主板 BIOS 是硬件与软件之间的一个桥梁，是位于南桥芯片与 I/O 芯片之间的一个固件。BIOS 电路主要负责解决硬件的即时需求，并按软件对硬件的操作要求具体执行任务。在计算机的使用过程中，BIOS 为计算机提供最底层、最直接的硬件控制。若 BIOS 芯片损坏，将无法启动计算机。

CMOS 电路集成在南桥内部，CMOS 电路给 CMOS 存储器提供待机电压，使 CMOS 存储器一直保持工作状态，可随时参与唤醒任务，如图 3-36 所示。CMOS 存储器主要存储硬件的相关信息。

图 3-36　CMOS 电路

六、主板接口电路

主板接口电路主要包括键盘鼠标电路、USB 接口电路、软驱硬盘接口电路等，它们分别为自己的连接设备提供服务。

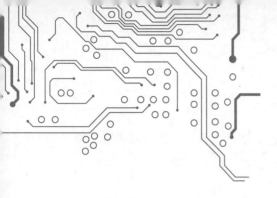

第四章　主板测试

第一节　主板测试的目的

　　主板测试就是将已确认的软件、计算机硬件、外部设备、网络等其他元素结合在一起，如图 4-1 所示，进行信息系统的各种组装测试和确认测试，其目的就是检测主板存在的问题。

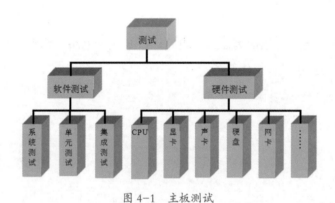

图 4-1　主板测试

　　为了提高效率，同时也利于测试人员及维修技术人员识别，一般每个工厂都会为每种故障拟订一个故障代码，使用者看到故障代码就知道是何种故障。当然，每个工厂根据自己的情况，对故障代码的定义方式会稍有不同。

第二节　主板通电前测试

计算机主板属于高精度电子产品，再加上昂贵的测试设备如 CPU、内存条等，如果在测试前不加检测，有可能造成计算机主板本身和设备的损坏，所以在测试之前还有一项 ICT 测试和电压测试。

ICT（in-Circuit Tester，在线测试仪）测试是一种使用专门的探头与被测线路板上的测试点相连接，对线路板上的测试点进行的隔离测试。这种测试可以精确地测出该测试点所装电阻、电容、电感、二极管、三极管等元器件的漏件、错件、开路、短路等故障现象，并将故障测试点反映给测试人员和维修技术人员。

电压测试：计算机主板在经过很多制程工艺后成为一块待测成型产品，就需要进行加电电压测试，主要测试 CPU 核心电压，各组主输出电压是否在控制范围之内，经过该测试后才可以送到测试部门去进行功能测试。

第三节　主板测试流程

计算机主板是计算机中众多外设的载体，为了保证它的功能可以正常使用，必须进行相应的功能测试，它包括开机测试、各 I/O 端口测试、系统测试、声卡测试、网络测试、稳定性测试、兼容性测试等。但在测试之前，我们要做些准备工作，就是安装好计算机主板上的各种设备，包括测试工具，如 PS/2、VGA、硬盘、CPU 、内存条、显卡等，如图 4-2 所示。

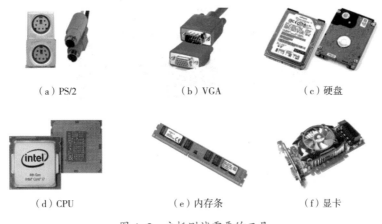

（a）PS/2　　　　　　（b）VGA　　　　　　（c）硬盘

（d）CPU　　　　　　（e）内存条　　　　　（f）显卡

图 4-2　主板测试需要的工具

具体的测试流程如下：

第一步：加装 CPU，如图 4-3 所示。

图 4-3　加装 CPU

第二步：插入 PS/2、HDMI、USB、网络接头、音频接头、硬盘等。插入的顺序是从左至右、从上至下，如图 4-4 所示。

图 4-4　插入线材

第三步：插入板卡（如内存条、显卡、网卡、诊断卡等）以及 CPU 散热风扇，如图 4-5 所示。

图 4-5　插入板卡

第四步：插入大、小电源，并按开机键启动计算机，如图 4-6 所示。

图 4-6　插入大、小电源

第五步：计算机主板开机后，显示屏会亮起并会出现一个提示（在显示屏的最下方），此提示的意思是"按 F1 进入 BIOS 选择硬盘"，如图 4-7 所示。进入 BIOS 页面后就会出现主硬盘选择提示窗口，如图 4-8 所示。

图 4-7　进入 BIOS 页面选择 　　　　　　　　图 4-8　主硬盘选择窗口

第六步：主硬盘选择好后，计算机会重启。这时计算机将直接进入测试，不过在正式测试前会出现一个扫描条码的提示，如图 4-9 所示。扫描完成后计算机将自动进行测试，直至显示屏上出现闪烁的"PASS"，此时说明此板测试完成；如图 4-10 所示。

图 4-9　扫描条码提示 　　　　　　　　图 4-10　测试完成提示

第七步：主板测试 PASS 后，按键盘上的"F5"或"回车"键进行关机；当 CPU 风扇不再旋转时关掉电源开关。取板时的顺序与插板时的顺序相反。

第五章　主板开机电路故障分析及维修方法

根据主板的设计不同，开机电路的控制方式也不同：有的通过南桥直接控制，有的通过 I/O 芯片控制，也有的通过门电路控制。不管开机电路控制方式如何，开机电路的功能都是相同的。

第一节　开机电路的功能及组成

一、开机电路的功能

该功能的主要任务是控制 ATX 电源的绿线（PS–ON）变为低电平（即开机），从而使 +3.3 V、+5 V、+12 V 等各路供电开始输出给主板。

二、开机电路的组成

主板的开机电路主要由 ATX 电源插座、南桥芯片、I/O（有的没有）、门电路、开机键（PW–ON）、开机芯片（只有华硕主板有）和一些电阻、电容、二极管、三极管等元器件组成，如图 5–1 所示。

1.ATX 电源接口

ATX 电源接口有 20 脚接口、24 脚接口、8 脚接口、4 脚接口等，其中开机电路中

晶振（为电路
提供时钟信号）

I/O 芯片

芯片组

电源开关
等插座

图 5-1　主板开机电路的组成

使用的是 20 脚接口或 24 脚接口（现在的主板基本使用 24 脚接口）。其中第 9 脚
（5 V 紫色电源线）和第 14 脚或第 16 脚（绿色电源线）与开机电路有关，如图 5-2 所
示为主板 ATX 电源插座。

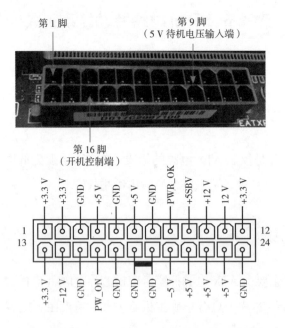

第 1 脚

第 9 脚
（5 V 待机电压输入端）

第 16 脚
（开机控制端）

图 5-2　主板 ATX 电源插座

　　ATX 电源共有两种电源电路，分别是待机电源电路和主电源电路。其中，待机电
源电路只要 ATX 电源接电后就会自动产生 5 V 待机电压（ATX 电源第 9 脚）；主电源

电路只要 ATX 电源第 14 脚或第 16 脚与地短接（高电平变为低电平），ATX 电源就会开始工作从而输出 ±12 V、±5 V、3.3 V 的电压。

提示

24 针 ATX 电源开始工作后各脚输出的电压情况如下：

第 1、2、12、13 脚输出 +3.3 V 电压；第 4、6、21、22、23 脚输出 +5 V 电压；第 9 脚输出 +5 V 待机电压（不论电源是否工作都输出电压）；第 10、11 脚输出 +12 V 电压；第 14 脚输出 −12 V 电压；第 16 脚输出 0 V 电压（停止工作时输出 +3.5 ～ 5 V 电压）；第 20 脚输出 −5 V 电压；第 8 脚输出 +5 V 的 PG 信号用于复位，电源正常工作 50 ～ 500 ms 后开始工作；其他各脚接地。

2. 南桥芯片

大部分主板南桥内包含一个开机触发电路，该触发电路在接收到电源开关发来的触发信号后，向 ATX 电源输出一个控制信号，直接通向 ATX 电源插座的第 14 脚或第 16 脚，将其变为低电平。

触发南桥内部开机电路正常的工作条件：

①南桥主供电，主供电是 2.2 ～ 3.3 V，一般是由 ATX 的待机电压通过稳压器分压，或直接由 CMOS 电池供电的。

②时钟信号，南桥内部的时钟电路连接了一个外部的 32.768 MHz 的晶振。

③开机触发信号，这个信号通常由开机键或门电路提供。

在满足上述 3 个条件后，南桥内部的触发电路才会工作，实现对 ATX 电源的第 14 脚或第 16 脚电压的控制，如图 5-3 所示。

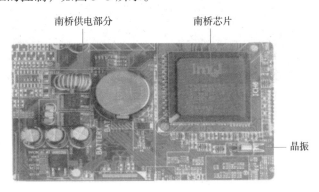

图 5-3　南桥供电电路及时钟电路

3. I/O 芯片

在 Pentium 4 主板开机电路中，由 I/O 芯片内部的门电路控制电源的第 14 脚或第

16 脚，所以 Pentium 4 主板的开机电路控制部分一般在 I/O 芯片内部。

在这里 I/O 和南桥的关系是：电源开关输出一个电压，通过 I/O 芯片内部的门电路转换进入南桥，再由南桥内部输出一个电压进入 I/O 芯片内部的另一个门电路，然后由此门电路来改变电源第 14 脚或第 16 脚的电压，使电源开始工作，如图 5-4 所示为 I/O 芯片。

生产厂家
I/O 芯片的型号

图 5-4　I/O 芯片

提示

不是所有的 I/O 芯片内部都集成开机控制模块。

4. 开机键连接端口（PW-ON）

开机键在主板开机电路中的作用：向非门电路或 I/O 芯片中的门电路提供一个触发信号（低电平），用来触发主板开机电路工作，最终实现开机。

主板的开机键一般一端接地，另一端连接电源的第 9 脚，再连接到门电路或 I/O 芯片或南桥，如图 5-5 所示为开机键连接端口。

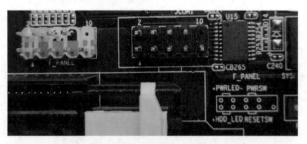

图 5-5　开机键连接端口

第二节　主板开机电路的工作原理

只要将 ATX 电源的第 14 脚的电压拉低，ATX 电源就开始工作，输出各组电压。只要将 ATX 电源的第 14 脚对地短接，ATX 电源就能开始工作。

对于不能触发开机的主板，如果知道 ATX 电源的启动原理，那么就可以直接将 ATX 电源的第 14 脚对地短接进行强行开机，以检查除开机电路外的其他电路是否正常。

开机电路就是在接收到开机触发信号后，通过电路实现将 ATX 电源第 14 脚的电压拉低的功能，它的电路原理如图 5-6 所示。

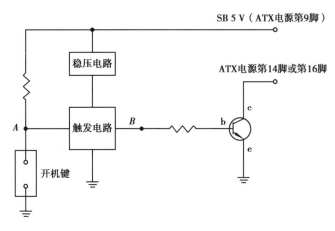

图 5-6　开机电路原理图

在 ATX 电源接上市电后，电源虽然没有启动，但第 9 脚会有 5 V 电压输出，称为待命电压。5 V 待命电压经过稳压电路后，输出 3.3 V 的电压供给触发电路。另外，5 V 待命电压经过一个电阻接到开机键的一端。

触发电路从 B 点输出一个逻辑高电平（这个电压是一直保持的，直到第二次触发），这个高电平加在三极管的发射结（be）之间使得三极管导通，从而使集电极（c）的电位被拉低，也就是 ATX 电源的第 14 脚电位被拉低，这样 ATX 电源即开始工作，输出各组电压供给主板。

关机时按下开机键，A 点的电压被拉低，这样就会产生一个触发信号输入触发电路。触发电路接收到触发信号后使 B 点的电压翻转，即由原来的逻辑高电平翻转为逻辑低电平（这个电压是一直保持的，直到第二次触发）。由于三极管的发射结（be）没有偏置电压，于是三极管截止，集电极（c）的电位升高，也就是 ATX 电源的第 14 脚电位升高，这样 ATX 电源即停止工作。

有些主板不上 CPU 是不能开机的，例如一些 SOCKET478 CPU 座的主板，它是将三极管的发射极接到 CPU 座的 AF26 引脚上，如图 5-7 所示。

不接上 CPU 时，三极管的发射极相当于悬空，无法将集电极的电位拉低，因而也就不能开机。接上 CPU 后，通过 CPU 的 AF26 引脚与 AE26 引脚（接地）相连，结果就与如图 5-6 所示的电路一样，因此也就能控制开机了。

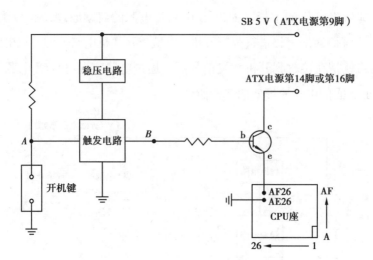

图 5-7　主板不接上 CPU 不能开机的原理

根据这个原理，在 CPU 假负载上将 AF26 引脚与 AE26 引脚相连（SOCKET478 的 CPU 假负载），如图 5-8 所示，这样主板就认为有 CPU 存在，因此不接上 CPU 也能进行开机。

图 5-8　在 CPU 假负载上将 AF26 引脚与 AE26 引脚短接

常见的主板开机电路主要有：南桥芯片直接控制的开机电路、I/O 芯片直接控制的开机电路。一些具有自主设计能力的主板厂商，会设计与众不同的开机电路。电路虽然各不相同，但原理是相同的，最终目的就是将 ATX 电源第 14 脚的电位拉低，实现开机功能。

一、南桥芯片直接控制的开机电路

由南桥芯片直接控制的开机电路如图 5-9 所示。

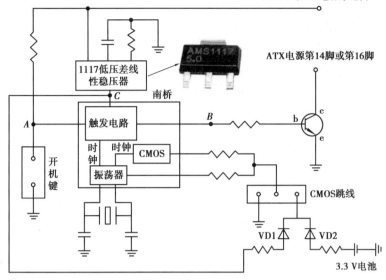

图 5-9 南桥芯片直接控制的开机电路

5 V 待命电压经过 1117 低压差线性稳压器后，得出一个稳定的电压（1.8 ~ 3.3 V，视具体的南桥芯片而定）供给南桥芯片内部的触发电路。

VD1 的电压并不一定取自 C 点，有的电路直接从 5 V 待机电压通过电阻分压取得。当主板有 5V 待机电压时，VD1 输出的电压比 VD2 输出的电压稍高，因此 VD2 处于截止状态，南桥芯片内部的振荡电路及 CMOS 电路向 VD1 供电。

当主板没有 5V 待机电压时，VD1 也就没有电压输出，南桥芯片内部的振荡电路及 CMOS 电路由 3.3 V 电池通过 VD2 供电，这样可以保证时钟的正常运转和不使 CMOS 里的配置参数丢失。

VD1、VD2 可以是两个分立元件，也可以是一个集成元件。

有的主板还在开机触发电路部分加上了双 D 触发器（74HC74），以取得稳定的触发，防止出现错误翻转的现象，其电路如图 5-10 所示。

二、I/O 芯片直接控制的开机电路

由 I/O 芯片直接控制的开机电路如图 5-11 所示。

开机时按下开机键，A 点的电压被拉低，这样就会产生一个触发信号输入南桥芯片的触发电路。触发电路从 B 点输出一个逻辑高电平（这个电压是一直保持的，直到第二次触发），这个逻辑高电平进入 I/O 芯片内部的门电路进行逻辑电平转换，然后加

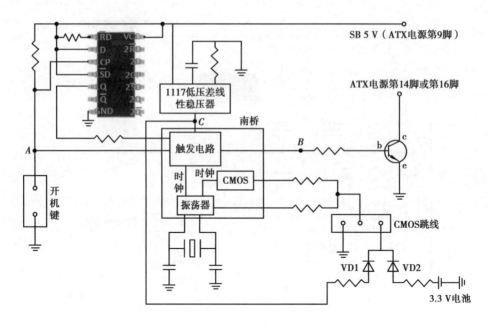

图 5-10 增加双 D 触发器南桥芯片直接控制电路的开机电路

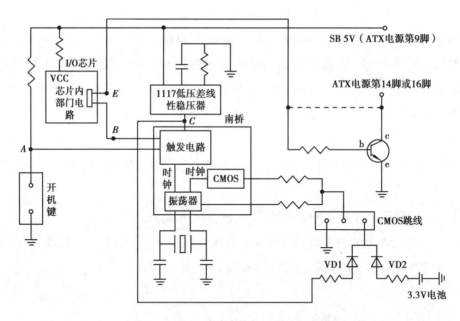

图 5-11 I/O 芯片直接控制的开机电路

在三极管的发射结（be）之间，使得三极管导通，从而使集电极（c）的电位被拉低，也就是 ATX 电源的第 14 脚（或第 16 脚）电位被拉低，这样 ATX 电源开始工作，输出各组电压供给主板。

关机时按下开机键，A 点的电压被拉低，这样就会产生一个触发信号输入南桥芯片的触发电路。触发电路接收到触发信号后，使 B 点的电压翻转，即由原来的逻辑高电平翻转为逻辑低电平（这个电压是一直保持的，直到第二次触发），这个逻辑低电平进入 I/O 芯片内部的门电路进行逻辑电平转换，然后加在三极管的发射结（be）之间，因为发射结（be）没有偏置电压，于是三极管截止，集电极（c）的电位升高，也就是 ATX 电源的第 14 脚（或第 16 脚）电位升高，ATX 电源停止工作。部分 I/O 芯片直接控制的开机电路，它取消了控制 ATX 电源第 14 脚（或第 16 脚）的三极管，直接将 E 点连接到 ATX 电源的第 14 脚（或第 16 脚），如图 5–11 所示中的虚线所示，ATX 电源第 14 脚（或第 16 脚）的电位随着 E 点电位的改变而改变。

第三节　主板开机电路的故障检修流程及检测点

一、主板开机电路的故障检修流程

当主板的开机电路有故障时，可以参考开机电路故障检修流程对主板进行检测，重点检测每个电路模块的关键测试点，通过测试点快速准确地找出故障的元件，并排除开机电路故障。

主板开机电路故障主要由接电源插座第 14 脚或第 16 脚的开机控制三极管损坏，或与开机电路有关的门电路损坏，或电源插座第 9 脚给电源开关供电的三极管和二极管损坏，或南桥旁边的晶振和谐振电容损坏等造成。主板开机电路检测流程图如图 5–12 所示。

二、主板开机电路故障检测点

①故障检测点 1：CMOS 跳线。

CMOS 跳线设置不正确，将导致计算机不能开机，所以在维修时首先检查 CMOS 跳线设置是否正确，正常情况下跳线插在 "Normal" 设置上。

②故障检测点 2：实时晶振和谐振电容。

谐振电容漏电或被击穿都将导致主板不能开机。

检测方法：首先将万用表调到欧姆挡（20 K 挡），然后将万用表的两只表笔分别接电容的两端（红表笔接电容的正极，黑表笔接电容的负极），如果显示值从 "000" 开始逐渐增加，最后显示溢出符号 "1"，则表示电容正常；如果显示值始终是 "000"

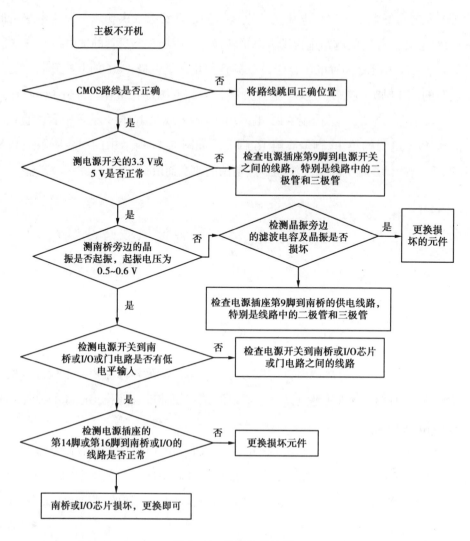

图 5-12　故障检修流程

或"1"，则说明电容损坏。

晶振损坏后，计算机可能不能开机或无法存储系统时间。

检测方法：测量晶振两端的电压，电压值在 0.2 ～ 0.5 V 表示正常。测试方法：将万用表调到电压挡（2 量程），然后两只表笔分别接晶振的两个引脚即可。

③故障检测点 3：二极管。

二极管损坏将导致主板无法开机。

检测方法：首先将万用表调到 Ω 挡或二极管挡，再将万用表的两只表笔分别接到二极管的两端进行测量，如果正、反向电阻值均为无穷大或均为 0 时，则该二极管内部损坏。

④故障检测点 4：三端稳压二极管。

三端稳压二极管如果损坏，将导致主板无法开机，检测方法与二极管的检测方法基本相同，因为此稳压二极管实际上是两个串联的二极管。

⑤故障检测点 5：开机控制三极管。

开机控制三极管通常用 SIA 等型号，此三极管损坏将导致主板无法开机。

检测方法：使用数字万用表的二极管挡在线路中测量，将红表笔固定接在被测三极管的基极 b，用黑表笔依次接发射极 e 和集电极 c，若数字万用表显示屏显示的数字在 500 ～ 800 内，则可判定该三极管是正常的。

如果仪表显示值小于 500，则可检测其管子外围电路中是否有短路的元器件，若没有短路的元件，则可判定该三极管击穿损坏，可进一步将其从电路板上拆下复测。若仪表显示值小于 850，则很有可能是其相应 PN 结有短路损坏，也应将该三极管从电路中拆下复测。

⑥故障检测点 6：低压差三端稳压器。

三端稳压器用于输出稳定的电压，若此元件损坏也将导致主板不能开机。

检测方法：带电测量三端稳压器中间引脚的电压值，如果为 0 或者小于 3 V，则稳压器损坏（测试方法：将万用表的旋转按钮调到电压挡（20 量程），然后将红表笔接三端稳压器的中间引脚，黑表笔接地即可）。

第四节　主板开机电路常见故障及维修方法

一、主板开机电路常见故障及原因

1. 开机电路常见故障现象

①无法为主板加电。

②开机后，过几秒就自动关机。

③无法开机。

④主机通电后自动开机。

2. 造成开机电路故障的原因

①主板某元件短路。

②CMOS 跳线跳错。

③南桥旁边的晶振或谐振电容损坏。

④开机电路中的门电路损坏。

⑤电源第 14 脚或第 16 脚经过的三极管和二极管被损坏。

⑥南桥供电电路中的稳压损坏。

⑦I/O 芯片损坏。

⑧南桥损坏。

二、主板开机电路常见故障及解决方法

1. 主板加电不开机

故障分析: 造成主板加电不开机的原因主要包括两个方面: 一是主板开机电路故障,二是主板 CPU 供电电路、时钟电路或复位电路故障。

解决方法: 首先排除 CPU 供电电路、时钟电路或复位电路的故障, 然后检查开机电路故障。具体步骤如下:

①目测主板上有没有明显损坏的元件（如烧黑、爆浆等）, 若有, 则更换损坏的元件后再测试。若没有, 则将主板插上电源, 用镊子插入电源插座中的第 16 脚和第 18 脚（24 脚电源插座）, 使主板强行开机。

②若不能开机, 则是 CPU 电路、时钟电路或复位电路有故障, 检查这几个电路故障; 若能开机, 则是开机电路的故障, 接着检查开机电路。

③将万用表的旋钮调到电压挡的 20 V 量程, 然后将万用表的黑表笔接地, 红表笔接电池正极, 测量电池是否有电（2.6 ～ 3.3 V）。

④如果电池有电, 接着检查 CMOS 跳线, 一般 CMOS 跳线设置不正确不能开机。

⑤如果 CMOS 跳线连接正常, 接着用万用表的电压挡测量主板电源开关引脚电压有没有 3.3 V 或 5 V。若没有, 则通过跑电路检查电源开关引脚到电源插座间连接的元器件, 一般主板会连接一些门电路、电阻和三极管等电子元器件, 而且门电路损坏的情况相对较多, 如果连接的元器件有损坏, 更换即可。

⑥如果电源开关引脚电压正常, 接着测量南桥旁边的 32.768 kHz 晶振是否起振, 起振电压一般为 0.5 ～ 1.6 V。如果晶振没有起振, 就更换晶振旁边的滤波电容以及晶振本身。

⑦如果晶振正常, 接着测量电源开关引脚到南桥或 I/O 芯片之间是否有低电平输入, 若没有, 一般是开关到南桥或 I/O 芯片之间的门电路或三极管损坏, 其中门电路损坏的

情况较多。

⑧如果电源开关引脚到南桥或 I/O 芯片之间有低电平输入，则测量 ATX 电源绿线到南桥（或 I/O 芯片）之间的线路中是否有元器件损坏。

⑨如果上面说的这些地方都是好的，那么应该是南桥或 I/O 芯片损坏，只能更换南桥或 I/O 芯片。

2.计算机开机后，过几秒就自动关机

故障分析：计算机能开机，说明开机电路被触发，向电源第 14 脚或第 16 脚发送了高电平使电源第 14 脚或第 16 脚连接的三极管导通，电源第 14 脚或第 16 脚的电压被拉低；过几秒后又自动关机，说明开机电路又被触发，向电源发出低电平信号，开机电路的触发信号一般是由开机电路中的门电路发送的，所以可能是门电路损坏。

解决方法：用万用表测量开机电路中门电路的输入 / 输出脚，发现参与开机的门电路不能正常输入高低电平，说明是门电路的故障。更换相同型号的门电路，故障排除。

提示

发生这种故障也有可能是电路中的某一电容损坏，如果开机电路中的门电路没有损坏，接着要检查开机电路中的所有电容，直到找出故障元件。

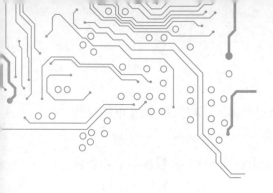

第六章　主板供电电路故障分析及维修方法

第一节　主板的供电机制

　　主板供电电路是主板重要的单元电路，其作用是将 ATX 电源输出的电压进行转换处理，使其满足不同设备的需求。主板供电电路主要有 CPU 供电电路、内存供电电路、芯片组供电电路、PCI-E 插槽供电电路等。

　　主板中的部件非常多，每个部件及电路需要的电压各不相同，表 6-1 为主板中各个部件及电路需要的工作电压。

表 6-1　主板中各个部件及电路需要的工作电压

名称	所需电压	电压标注
CPU	内核电压（0.875 ~ 1.6 V）	VCCP
	1.2 V	VTT（VCC_1V2VID）
北桥芯片	2.5 V	VCC_DDR
	1.8 V	VCC_1V8
	1.5 V	VCC_1V5
	1.2 V	VTT
南桥芯片	5 V 待机电压	VCC5SB
	5 V	VCC5
	3.3 V 待机电压	VCC3SB
	3.3 V	VCC3
	1.8 V	VCC_1V8S

名称	所需电压	电压标注
南桥芯片	1.5 V	VCC_1V5S
	1.2 V	VCC_CPU
I/O 芯片	3.3 V 待机电压	VCC3SB
	3.3 V	VCC3
时钟芯片	3.3 V/2.5 V	VCC3/ VCC2V5
BOSS 芯片	3.3 V	VCC3
音频芯片	3.3 V	VCC3
	5 V	VCC5
网卡芯片	3.3 V 待机电压	VCC3SB
	3.3 V	VCC3
串口芯片	5 V	VCC5
	12 V	VCC12
	−12 V	VCC−12
并口芯片	5 V	VCC5
1394 芯片	3.3 V	VCC3
DDR 内存插槽	2.5 V	VCC_DDR
	1.25 V	VCC_RET
DDR2 内存插槽	1.8 V	VDD
	0.9 V	VTT
DDR3 内存插槽	1.5 V	VDD
	0.75 V	VTT
DDR4 内存插槽	1.2	VDD
	0.6	VTT
PCI 插槽	12 V	VCC12
	−12 V	VCC−12
PCI 插槽	5 V	VCC5
	3.3 V	VCC3
	3.3 V 待机电压	VCC3SB
PCI-E 插槽	12 V	VCC12
	3.3 V	VCC3
	3.3 待机电压	VCC3SB
AGP 插槽	−12 V	VCC−12
	5 V	VCC5
	3.3 V/1.5 V	VDDQ
USB 接口	5 V 待机电压 /5 V	VCC5SB/VCC5
PS/2 接口	5 V 待机电压 /5 V	VCC5SB/VCC5

ATX12V 电源主要提供 +12 V、+5 V、+3.3 V、+5 V SB、-12 V 五组电压，-5 V 由于 ISA 设备的消失，在最新的 ATX12 V 版本中已经去掉。另一个负电压 -12 V 虽然用得很少，但 AC′97、串口以及 PCI 接口还需要。

目前 +12 V 电压可以说是最重要的电压，所以现在的电源规范称为 ATX 12 V。+12 V 主要是给 CPU 供电，通过 VRM9.0（电压调整模块），调节成 1.15 ~ 1.75 V 核心电压，供 CPU（60 A）、VttFSB（2.4 A）、CPU-I/O（2.5 mA）。+12 V 除 CPU 外，还提供给 AGP、PCI、CNR（Communication Network Riser）。

相对来说，+5 V 和 +3.3 V 就复杂多了。

+5 V 被分成了四路，第一路经过 VID（Voltage Identification Definition）调整模块调整成 1.2 V 供 CPU，主板会根据 Pentium 4 处理器上 5 根 VID 引脚的 0/1 相位来判别这块处理器所需要的 VCC 电压（也就是常说的 CPU 核心电压）。第二路经过 2.5 V 电压调整模块调整成 2.5 V 供内存，并经过二次调整，从 2.5 V 调整到 1.5 V 供北桥核心电压、VccAGP、VccHI。第三路直接给 USB 设备供电。第四路给 AGP、PCI、CNR 供电。

+3.3 V 主要是为 AGP、PCI 供电，这两个接口占了 +3.3 V 的绝大部分。除此之外，南桥部分的 VCC3 以及时钟发生器、LPC Super I/O（例如 Winbond W83627THF-A）、FWH（Firmware Hub，即主板 BIOS）也是由 +3.3 V 供电。

+5 V SB 一直被我们所忽视，这一路电压与开关机、唤醒等关联紧密；+5 V SB 在 INTEL 845GE/PE 芯片组中至少需要 1 A 的电流，目前绝大部分电源的 +5 V SB 都是 2 A。其中一路调整成 2.5 V 电压供内存；第二路调整成 1.5 V，在系统挂起时为南桥提供电压；第三路调整成 3.3 V 供南桥（同样也用于系统挂起）、AGP、PCI、CNR；第四路直接供 USB 端口。

下面就内存、AGP、PCI 供电原理详细说明。

1. 内存供电

此前我们可能都有这样一种印象：内存是由 +3.3 V 供电。实际上，在 SDRAM 时代的确如此。但 DDR 开始，就有了 3.3 V、2.5 V、1.9 V 等多种模式供电，这些电压不再是通过 +3.3 V，而是通过 +5 V 来调整。845GE/PE 的 DDR 核心电压是 2.5 V，是从 +5 V 和 +5 V SB 调节而来的。具体来说，+5 V 通过一个 2.5 V 调节器调整成 2.5 V 的电压，同时 +5 V SB 也通过 2.5 V 备用调节器调整成 2.5 V 电压，这两路 2.5 V 电压联合为 DDR 内存 Vdd/Vddq 供电。另外，内存模组的 Vtt 电压也由这个 2.5 V 电压调整而来。

2. AGP 显卡供电

与我们通常认识的 AGP 供电不同的是，AGP 并非完全是 +3.3 V 供电。实际上，几乎所有的电压 AGP 都用到了。其中有：+5 V/2.0 A，+3.3 V/6.0 A，+12 V/1.0 A，+3.3 Vaux/0.375 A，1.5 V/2.0 A。可以看到，+3.3 V 还是 AGP 的主要供电。这几组功率相加可以得出结论，AGP 最大供电能力是 46 W，也就是说，超过 46 W 的显卡都需要外接电源。

3. PCI 供电

我们平常很少关注的 −12 V 在 PCI 上终于可以看到了，PCI 供电包括 +5 V/5.0 A，+3.3 V/7.6 A，+12 V/0.5 A，+3.3 Vaux/0.375 A，−12 V/0.1 A。当然，这个值是理论最大值，除了 PCI 显卡、工业用视频卡，很少有 PCI 设备能达到这么高的功耗，比如，PCI 声卡、PCI 网卡功耗只有 4 ~ 5 W。

进一步计算可以看到，845GE/PE 芯片组自身的功耗，包括南桥、北桥、时钟发生器、BIOS、超级 I/O 芯片等，合计功耗是 21 W。假设在电压调整过程中，效率为 0.7，则芯片组对功耗的要求是 30 W。这个数据并非主板全部的功耗，因为还有另一些设备，如集成声卡网卡、USB 设备（一般是 2.5 W/ 端口）。

PS/2 键盘鼠标由 +5 V 供电，所需电流最大为 1 A。AC′ 97 由 +5 V、+3.3 V、+12 V、+5 V SB、+3.3 V SB、−12 V 供电，总功率不超过 15 W。

第二节　CPU 供电电路分析及故障检修

因为 CPU 核心电压比较低而且有着越来越低的趋势，ATX 电源供给主板的 12 V 和 5 V 直流电不可能直接给 CPU 供电，所以需要一定的供电电路来进行高直流电压到低直流电压的转换（即 DC—DC），这些转换电路就是 CPU 的供电电路。

一、CPU 供电电路组成及功能

1. CPU 供电电路组成

主板的 CPU 供电电路主要由电源管理芯片、电感、场效应管（MOSFET 管）和电解电容等元件组成，如图 6-1 所示。

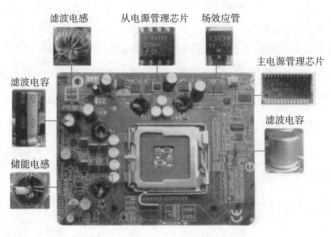

图 6-1　CPU 供电电路

2. CPU 供电电路的功能

　　主板的 CPU 供电电路最主要的功能是为 CPU 提供电能，保证 CPU 在高频、大电流工作状态下稳定地运行。同时，由于现在的 CPU 功耗非常大，从低负荷到满负荷，电流的变化非常大，为了保证 CPU 能够在快速的负荷变化中不会因电流供应不上而无法工作，CPU 供电电路要求具有非常快速的大电流响应能力。

　　另外，CPU 供电电路同时也是主板上信号强度最强的地方，处理得不好会产生串扰效应，而影响较弱信号的数字电路部分，因此 CPU 供电部分的电路设计制造要求通常都比较高。简单地说，CPU 供电部分的最终目的就是在 CPU 电源输入端达到 CPU 对电压和电流的要求。

二、CPU 供电电路的工作原理

　　CPU 的供电主要是由电源管理控制芯片控制场效应管，以得到符合要求的电压和电流供 CPU 使用，它的原理如图 6-2 所示。

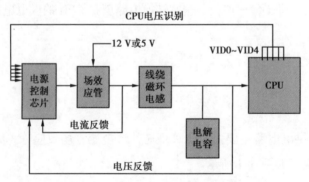

图 6-2　CPU 供电电路工作原理图

开机时，电源控制芯片通过 CPU 的 VID0 ~ VID4 这 5 个引脚，识别 CPU 所需要的核心电压。然后电源控制芯片输出控制脉冲，控制场效应管的导通和截止，这其实就是一个开关电路。场效应管将这个脉冲放大，经过电感和电容的滤波后，得到平稳的电压、电流供 CPU 使用。在场效应管输出处有电流反馈，在 CPU 核心电压输入处有电压反馈，均反馈至电源控制芯片。电源管理芯片通过反馈回来的电流、电压调整控制脉冲的占空比，控制场效应管导通和截止的顺序和频率，最终得到符合要求的电压、电流。

以上供电原理是所有主板最基本的供电原理，在实际的主板中，根据不同型号 CPU 工作的需求，CPU 的供电方式又分为很多种，主要有单相供电电路、两相供电电路、三相供电电路、四相供电电路、六相供电电路和多相供电电路等几种，下面具体讲解。

1. 单相供电电路

单相供电电路主要为功耗较低的 CPU 提供电源，多见于搭配在功率较低的 CPU 主板上。如图 6-3 所示的虚线框部分为单相供电电路。

如图 6-3 所示，5 V 电压经 C1、L1、C2 组成的滤波电路进入场效应管 VF1 的漏极，VF1 的源极接到 VF2 的漏极，VF2 的源极接地。

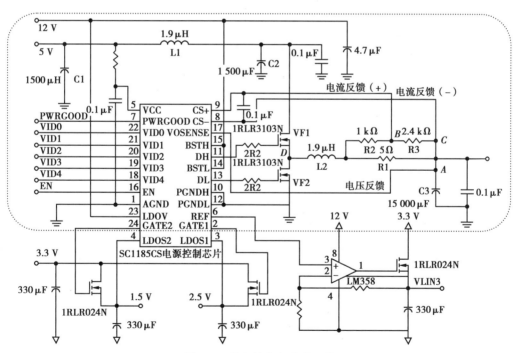

图 6-3　单相供电电路原理图

电源控制芯片的 DH（高端门驱动）和 DL（低端门驱动）引脚输出脉冲控制 VF1、VF2 的导通和截止，从 *D* 点输出电压（即 VF1 的源极和 VF2 的漏极连接点），此电压经过 L2 和 C3 的滤波后供 CPU 使用。

A 点通过一个电阻或直接连接到电源控制芯片的 VOSENSE 引脚，作为电压反馈。*B* 点接到电源控制芯片的 CS+ 引脚，作为电流正反馈。*C* 点接到电源控制芯片的 CS– 引脚，作为电流负反馈。电源控制芯片通过电压和电流的反馈，改变高端门驱动和低端门驱动的脉冲占空比，改变 VF1、VF2 导通和截止的时间，最终得到符合要求的电压和电流。

SC1185CS 是比较常见的单相供电电源控制芯片，其引脚排列如图 6-4 所示，引脚定义见表 6-2。SC1185C 需要 5 V 工作电压和 12 V 控制电压，12 V 电压主要用作门驱动（控制场效应管）。

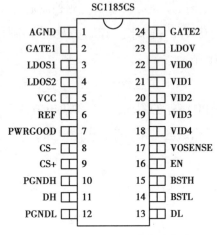

图 6-4 SC1185CS 芯片引脚图

表 6-2 SC1185CS 芯片引脚定义

引脚序号	引脚定义	功能描述	引脚序号	引脚定义	功能描述
1	AGND	接地	13	DL	低端门驱动
2	GATE1	门驱动输出	14	BSTL	低端门驱动电压输入脚
3	LDOS1	GATE1 门反馈输入脚	15	BSTH	高端门驱动电压输入脚
4	LDOS2	GATE2 门反馈输入脚	16	EN	芯片能控制引脚，高电平有效
5	VCC	工作电压输入脚	17	VOSENSE	电压反馈
6	REF	基准电压输出	18	VID4	电压识别脚
7	PWRGOOD	电源好信号	19	VID3	电压识别脚
8	CS–	电流负反馈	20	VID2	电压识别脚
9	CS+	电流正反馈	21	VID1	电压识别脚
10	PGNDH	接地	22	VID0	电压识别脚
11	DH	高端门驱动	23	LDOV	GATE1、GATE2 门驱动电压输入脚
12	PGNDL	接地	24	GATE2	门驱动输出

为了能快速了解，在此对单相供电电路进行简化，最终如图6-5所示。

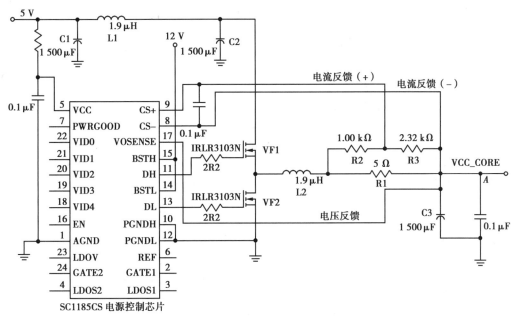

图 6-5　单相供电简化电路图

2.多相供电电路

随着 CPU 的功耗越来越大，单相供电电路的电流太小，已满足不了要求，于是就出现了将两相或两相以上的供电电路并联在一起的多相供电电路，以提供更大的电流。根据并联电路的原理可知：并联电路两端的电压不变，总电流为各支路电流之和。

多相供电电路又分为"单电源控制芯片的多相供电电路"和"主从电源控制芯片的多相供电电路"两类，下面分别讲解。

①单电源控制芯片的多相供电电路。

单电源控制芯片的多相供电电路，常见的是两相供电电路。如图6-6所示为单电源控制芯片的三相供电电路原理图。

IRU3055 电源控制芯片的工作电压为 5 V，12 V 电源进入 IRU3055 的 VCH12、VCH3、VCL1、VCL23 4 个引脚，主要为门控制提供控制电压。

VCH12 为 HDrv1 和 HDrv2 提供控制电压；VCH3 为 HDrv3 提供控制电压；VCL1 为 LDrv1 提供控制电压；VCL23 为 LDrv2 和 LDrv3 提供控制电压。

12 V 经过 C1、L1、C2 滤波后，进入场效应管 VF1、VF3、VF5 的漏极。

HDrv1、HDrv2、HDrv3 为各相的高端门驱动；LDrv1、LDrv2、LDrv3 为各相的低端门驱动。

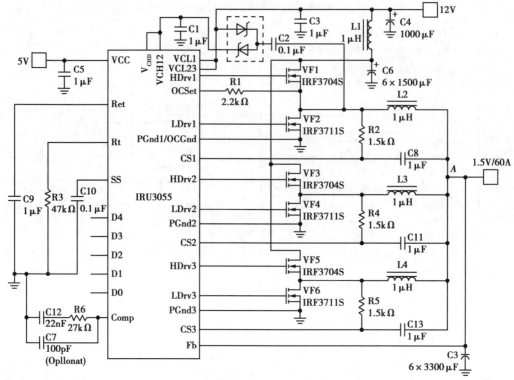

图 6-6　单电源控制芯片三相供电电路原理图

OCSet 为过流设定脚,用来设定过流保护值。

CS1、CS2、CS3 为每相的电流反馈。

Fb 为 CPU 核心电压反馈,内部接误差放大器的反相输入端。

各相的输出分别通过 L2、L3、L4 扼流(阻高频、通低频)后,再经过 C3 电解电容滤波,从 A 点混合输出。

多相供电电路只是将多个单相供电电路并联在一起。只要明白单相供电电路的原理,那么多相供电电路的原理就不难理解了。但是多相供电电路的每一相的输出并不是同步的,而是存在一定的相位差,因为每一相的控制脉冲是存在相位差的,这就是多相供电电路的概念。如果每一相

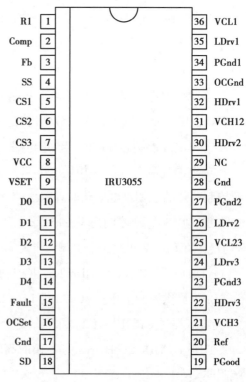

图 6-7　IRU3055 芯片引脚图

的输出都是同步的，则只能称为多路供电电路。

在单电源控制芯片的三相供电电路中，采用的芯片是 IRU3055 电源控制芯片，其引脚排列如图 6-7 所示，引脚定义见表 6-3。

表 6-3 IRU3055 芯片引脚定义

引脚序号	引脚定义	功能描述
1	Rt	用来设定振荡器开关频率
2	Comp	内部误差放大器的输出，用来补偿电压反馈信号
3	Fb	核心电压反馈，内部误差放大器的反相输入端
4	SS	软开关，从该脚连接一个电容到地，设定芯片的软启动间隔时间，也可以作为芯片的使能端
5	CS1	电流反馈
6	CS2	电流反馈
7	CS3	电流反馈
8	VCC	工作电压输入脚
9	VSET	接内部的数模转换器的输出端和内部误差放大器的同相输入端
10	VID0	电压识别脚
11	VID1	电压识别脚
12	VID2	电压识别脚
13	VID3	电压识别脚
14	VID4	电压识别脚
15	Fault	故障检测，当输出超过过压点时拉下软开关
16	OCSet	过流设定脚，用来设定过流保护值
17	GND	接地
18	PGOOD	电源好信号
19	Ref	2 V 基准电压输出
20	VCH3	第 3 相高端门驱动电压输入脚
21	Hdrv3	高端门驱动输出
22	PGnd3	接地
23	LDrv3	低端门驱动输出
24	VCL23	第 2 相和第 3 相低端门驱动电压输入脚
25	LDrv2	低端门驱动输出

续表

引脚序号	引脚定义	功能描述
26	PGnd2	接地
27	GND	接地
28	NC	空脚
29	HDrv2	高端门驱动输出
30	VCH12	第 1 相和第 2 相高端门驱动电压输入脚
31	HDrv1	高端门驱动输出
32	OCGND	接地
33	PGnd1	接地
34	LDrv1	低端门驱动输出
35	VCL1	第 1 相低端门驱动电压输入脚

②主从电源控制芯片的多相供电电路。

主从电源控制芯片的多相供电电路，常见的是两相和三相供电电路。如图 6-8 所示为主从电源控制芯片的两相供电电路原理图。

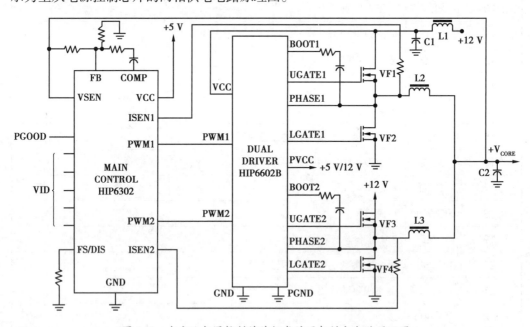

图 6-8 由主从电源控制芯片组成的两相供电电路原理图

在主从电源控制芯片的供电电路中，使用最多的主电源控制芯片是 HIP6301 和 HIP6302，其引脚排列如图 6-9 所示，各引脚定义见表 6-4；使用最多的从电源控制芯

片是 HIP6601 和 HIP6602，其引脚排列如图 6-10 所示，各引脚定义见表 6-5。HIP6601
是单驱动，HIP6602 是双路驱动，即 1 个 HIP6602 相当于两个 HIP6601。

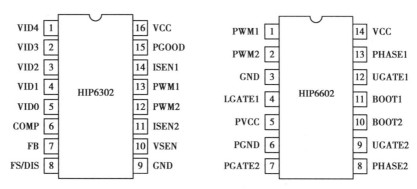

图 6-9 HIP6302 芯片引脚图   图 6-10 HIP6602 芯片引脚图

表 6-4 HIP6302 芯片引脚定义

引脚序号	引脚定义	功能描述	引脚序号	引脚定义	功能描述
1	VID4	电压识别脚	9	GND	接地
2	VID3	电压识别脚	10	VSEN	核心电压反馈
3	VID2	电压识别脚	11	ISEN2	电流反馈
4	VID1	电压识别脚	12	PWM2	控制脉冲输出，连接到从芯片的 PWM 引脚
5	VID0	电压识别脚	13	PWM1	控制脉冲输出，连接到从芯片的 PWM 引脚
6	COMP	内部误差放大器的输出，用来补偿电压反馈信号	14	ISEN1	电流反馈
7	FB	内部误差放大器的反相输入端	15	PGOOD	电源好信号
8	FS/DIS	改变振荡器开关频率，或作为芯片使能	16	VCC	工作电压输入脚

表 6-5 HIP6602 芯片引脚定义

引脚序号	引脚定义	功能描述	引脚序号	引脚定义	功能描述
1	PWM1	控制脉冲输入	3	GND	接地
2	PWM2	控制脉冲输入	4	LGATE1	低端门驱动输出

引脚序号	引脚定义	功能描述	引脚序号	引脚定义	功能描述
5	PVCC	门驱动电压输入	10	BOOT2	高端门偏置电压
6	PGND	接地	11	BOOT1	高端门偏置电压
7	LGATE2	低端门驱动输出	12	UGATE1	高端门驱动输出
8	PHASE2	过流保护，同时高端门极驱动的返回路径	13	PHASE1	过流保护，同时高端门极驱动的返回路径
9	UGATE2	高端门驱动输出	14	VCC	工作电压输入脚

HIP6302 的工作电压为 5 V，HIP6302 的 VID0 ~ VID4 引脚（图中简化为 VID）对应接到 CPU 的 VID0 ~ VID4 引脚，用于识别 CPU 使用的电压。

HIP6302 通过 PWM1 和 PWM2 向 HIP6602 发送控制脉冲，各相输出的电流分别反馈至 HIP6302 的 ISEN1 和 ISEN2；核心电压（+Vcore）反馈至 HIP6302 的 VSEN。HIP6302 将反馈回来的电压、电流进行比较运算，改变 PWM1、PWM2 输出脉冲的占空比，经过 HIP6602 进一步处理后，由 HIP6602 控制场效应管的导通和截止时间，最终得到符合要求的电压和电流。

HIP6602 受控于 HIP6302，其工作电压为 12 V，UGATE1 和 LGATE1 分别为第 1 相的高端门驱动和低端门驱动，UGATE2 和 LGATE2 分别为第 2 相的高端门驱动和低端门驱动。

BOOT1 为 VF1 提供偏置电压，BOOT2 为 VF3 提供偏置电压。

PHASE1 连接到 VF1 的源极，用于监视 VF1 的电压降，从而实现过流保护，也是 VF1 门极驱动的返回路径。

PHASE2 连接到 VF3 的源极，用于监视 VF3 的电压降，从而实现过流保护，也是 VF3 门极驱动的返回路径。

PVCC 为门驱动提供控制电压，接 12 V 或 5 V，视实际电路而定。

单相供电电路是多项控制电路的基础，其控制原理都是相同的。熟悉了单相供电电路的原理，多相供电就很容易理解。

③多组供电电路。

多组供电电路是指由电源控制芯片 KA7500B 或 TL494 其中的一种芯片组成的供电电路。这两种电源控制芯片的引脚排列是一样的，可以互相代换。下面以 KA7500B 芯片为例，讲解多组供电电路，如图 6-11 所示为多组供电电路原理图。KA7500B 芯片的引脚排列图如图 6-12 所示，KA7500B 芯片引脚的定义见表 6-6。

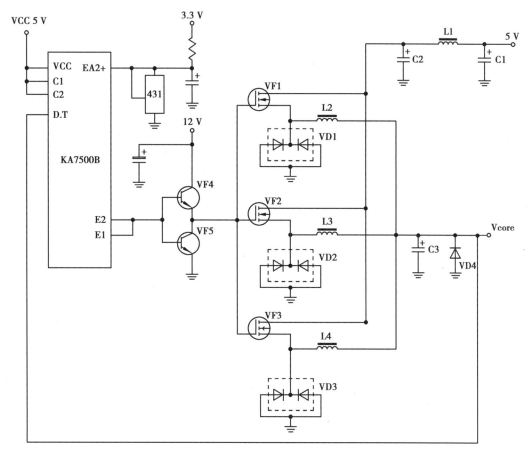

图 6-11 多组供电电路

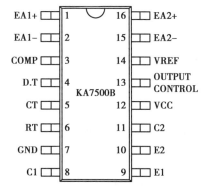

图 6-12 KA7500B 芯片的引脚排列

表 6-6   KA7500B 芯片引脚的定义

引脚序号	引脚定义	功能描述	引脚序号	引脚定义	功能描述
1	EA1+	误差放大器 1 的同相和反向输出端	9	E1	末级输出三极管发射极
2	EA1-	误差放大器 1 的同相和反向输出端	10	E2	末级输出三极管发射极
3	COMP	误差放大器 1 和 2 的输出端，用来补偿电压反馈信号	11	C2	末级输出三极管集电极
4	D.T	死区时间控制	12	VCC	工作电压输入
5	CT	外接振荡电容，为振荡频率控制端	13	OUTPUT CONTROL	输出控制，接地为并联单端输出，接高电平为推挽输出
6	RT	外接振荡电阻，为振荡频率控制端	14	VREF	基准电压输出
7	GND	接地	15	EA2-	误差放大器 2 的同相和反向输出端
8	C1	末级输出三极管集电极	16	EA2+	误差放大器 2 的同相和反向输出端

KA7500B 芯片的工作电压为 5 V。3.3 V 电压经过 TL431（三端可调分流式电压基准源）产生一个基准电压，输入 KA7500B 芯片内部的误差放大器的通相输入端。E1、E2 为芯片内部的两个末级输出三极管的集电极，并在一起后驱动三极管 VF4、VF5。E1、E2 输出的脉冲波经三极管 VF4、VF5 放大后驱动场效应管 VF1、VF2、VF3。多路供电电路没有相位的概念，每一路的场效应管都是同时导通和截止的，输出电压 Vcore 反馈至芯片的 D.T 脚，在芯片内部经过比较运算后调整 E1、E2 输出脉冲的占空比，也就是间接地控制 VF1、VF2、VF3 的导通和截止时间，从而使 Vcore 稳定在标称值。

VD1、VD2、VD3 为快恢复二极管，主要是对 VF1、VF2、VF3 进行过压保护。

VD4 为稳压二极管，当输出电压大过其稳定值时，它就反向击穿，从而拉低输出电压，保护 CPU；当输出电压小于其稳定值时，它又恢复截止状态。

三、CPU 供电电路故障检修流程

CPU 供电电路故障主要是由电路中的场效应管损坏，或为场效应管供电的电容损坏，或与场效应管连接的低通滤波系统中的电容或电源管理芯片的故障造成的。为了更好地认识 CPU 供电电路的故障检修流程，以下结合图 6-13 所示的供电电路原理图，并以多相供电电路中的一个单相供电为例对 CPU 供电电路故障检修流程进行讲解，其他单相供电电路故障检测与此相同。

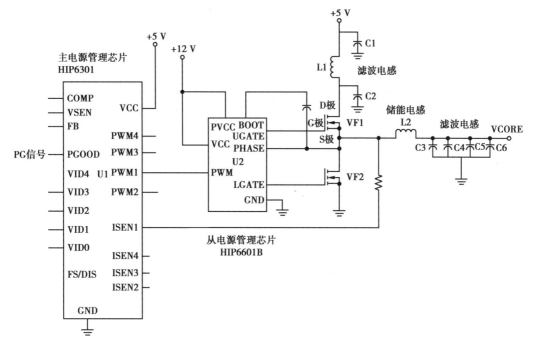

图 6-13　CPU 供电电路原理图

CPU 供电电路故障检修流程如图 6-14 所示。

四、CPU 供电电路故障检测点

1. 易坏元件

CPU 供电电路中的易坏元件主要有电源管理芯片、场效应管、滤波电容、限流电阻等。

2. CPU 供电电路故障检测点

故障检测点 1：场效应管。

场效应管损坏，将导致 CPU 主供电压没有输出，造成不能开机，所以在维修时首先检查场效应管是否正常。

检测方法：将数字万用表拨到二极管挡，然后先将场效应管的 3 只引脚短接，接着用两只表笔分别接触场效应管 3 只引脚中的两只，测量三组数据。如果其中两组数据为 1，另一组数据在 300 ~ 800 Ω，说明场效应管正常；如果其中有一组数据为 0，则场效应管被击穿。

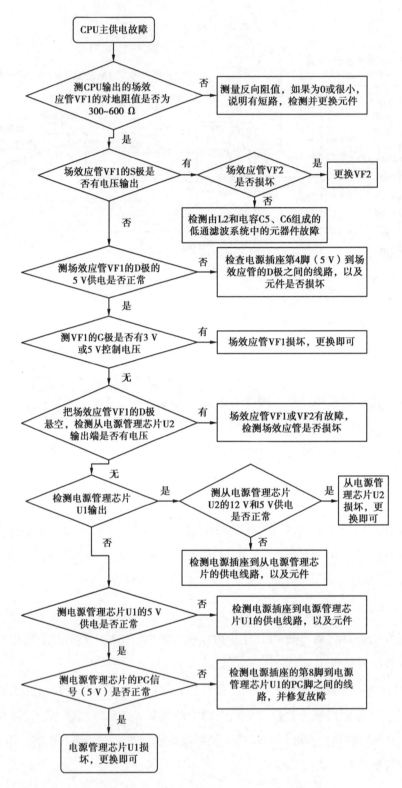

图 6-14 CPU 供电电路故障检修流程

故障检测点 2：电源管理芯片。

电源管理芯片损坏后，其输出端无电压信号输出，将无法控制场效应管工作，无法为 CPU 提供供电。

检测方法：首先测量芯片的供电脚（5 V 或 12 V）有无电压，如有，接着测量电源管理芯片的输出脚和 PG 信号脚有无电压信号；如果无电压信号，则电源管理芯片损坏。

故障检测点：滤波电容。

电容损坏可能导致无法正常提供供电或主板工作不稳定。

检测方法：测量前观察电容有无鼓包或烧坏，接着将万用表调到欧姆挡的 20K 挡，然后用万用表的两只表笔，分别与电容器的两端相接（红表笔接电容器的正极，黑表笔接电容器的负极），如果显示值从"000"开始逐渐增加，最后显示溢出符号"1."，表明电容器正常；如果万用表始终显示"000"则说明电容器内部短路；如果始终显示"1."，则可能电容器内部极间开路。

第三节　主板内存电路故障分析及维修方法

主板中目前常见的内存插槽有 DDR2 内存插槽和 DDR3 内存插槽，已淘汰的内存插槽有 SDRAM 内存插槽、DDR 内存插槽。其中，SDRAM 内存使用的是 3.3 V 供电，而 DDR 内存插槽需要两种不同的电压供电，分别为 2.5 V 电压和 1.25 V 电压（用在数据线上）；DDR2 内存的供电电压也需要两种，分别为 1.8 V 电压和 0.9 V 电压；DDR3 内存的供电电压分为正常版和低电压版，正常版的电压是 1.5 V，低电压版的电压是 1.35 V。内存供电部分通常被设计在内存插槽附近，一般好的主板都有专门的供电电路。

一、内存供电电路的组成及工作原理

1. 主板内存供电电路的功能

内存供电电路主要是向内存提供其所需的 3.3 V、2.5 V、1.8 V、1.25 V、0.9 V 上拉电压等，如果内存供电电路过于简单或设计不合理，就会出现内存供电不足，影响主板的稳定性。

2. 主板内存供电电路的组成

通常情况下，内存供电电路是由电容、电感线圈、场效应管这三大部分所组成的开关电源，如图 6-15 所示。根据内存插槽数量的不同，可设计出不同的组合方案。

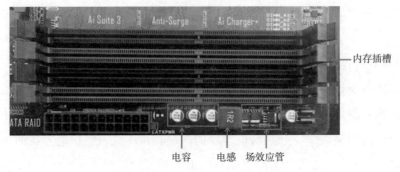

图 6-15   内存供电电路的组成

二、内存供电电路故障检修流程及检测点

1. 内存供电电路故障检修流程

内存供电电路故障主要是由电路中的场效应管损坏，或是为场效应管供电的电容、与场效应管相连的滤波电容、LM358 芯片损坏或故障造成的，为了更好地认识内存供电电路故障检修流程，在讲解时结合图 6-16 所示的供电电路原理图。

检修流程如图 6-17 所示。

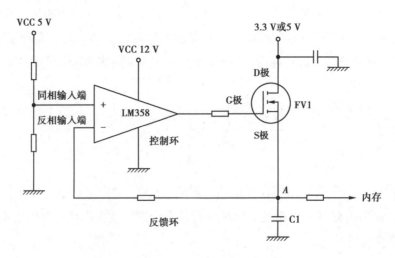

图 6-16   内存供电电路原理图

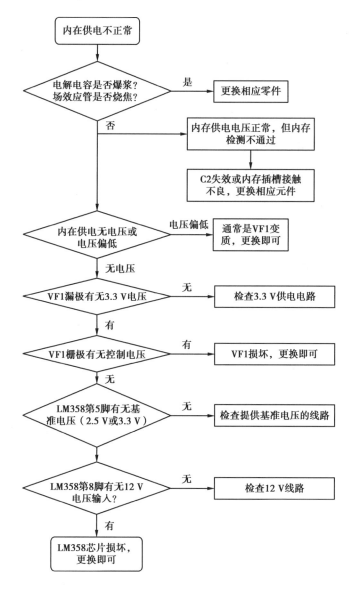

图 6-17 主板内存供电电路故障检修流程

2. 内存供电电路故障检测点

①易损坏元器件。

内存供电电路中的易坏元器件主要有LM358芯片、场效应管、滤波电容、分压电阻、调整电阻等。

②主板内存电路故障检测点。

故障检测点1：场效应管。

场效应管损坏，将导致内存主供电没有电压输出，造成不能开机，所以在维修时首先检查场效应管是否正常。

检测方法：将数字万用表拨到二极管挡，然后先将场效应管的 3 只引脚短接，接着用两只表笔分别接触场效应管 3 只引脚中的两只，测量 3 组数据。如果其中两组数据为 1，另一组数据在 300 ~ 800 Ω，说明场效应管正常；如果其中有一组数据为 0，则场效应管被击穿。

故障检测点 2：LM358 芯片。

LM358 芯片损坏后，其输出端无电压信号输出，将无法控制场效应管工作，无法为内存提供供电。

检测方法：首先测量芯片的供电脚有无 12 V 电压，如有，接着测量电源管理芯片的输出脚有无电压信号，如果无电压信号，测量 LM358 芯片的正相输入脚有无 2.5 V 电压，如有，则是 LM358 芯片损坏，如不是则可能是分压电阻损坏。

故障检测点 3：电容。

电容损坏可能导致无法正常供电或主板工作不稳定。

检测方法：测量前观察电容有无鼓包或烧坏，接着将万用表调到欧姆挡的 20K 挡，然后用万用表的两只表笔分别与电容器的两端相接（红表笔接电容器的正极，黑表笔接电容器的负极），如果显示值从 "000" 开始逐渐增加，最后显示溢出符号 "1."，表明电容器正常；如果万用表始终显示 "000" 则说明电容器内部短路；如果始终显示 "1."，则可能电容器内部极间开路。

第四节　主板时钟电路故障分析及维修方法

主板时钟电路向 CPU、芯片组和各级总线（CPU 总线、AGP 总线、PCI 总线、ISA 总线等）及主板各个接口提供基本工作频率；有了基本工作频率，计算机才能在 CPU 的控制下按部就班、协调地完成各项工作。

一、主板时钟电路的组成

主板上多数部件的信号由时钟发生器提供。时钟发生器是通过晶振产生振荡，然后通过分频为各部件提供不同的时钟频率。它是主板时钟电路的核心，如同主板的心脏。

主板时钟电路主要由时钟发生器芯片（时钟芯片）、14.318 MHz 晶振、电容、电阻、电感等元器件组成，如图 6-18 所示。

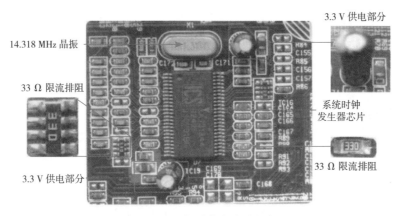

图 6-18　主板时钟电路的组成

1. 时钟芯片

时钟芯片主要有 ICS、Winbond、PhaseLink、C-Media、IC、IMI 等几个品牌，主板上常见的时钟有 ICS 和 Winbond 两种，如图 6-19、图 6-20 所示。

图 6-19　ICS 时钟芯片

图 6-20　Winbond 时钟芯片

2. 14.318 MHz 晶振

14.318 MHz 晶振其实是一个频率产生器，它主要是将传进去的电压转换为频率信号输送给主板上的相应部件。主板上常见的晶振有 14.318 MHz（主时钟）和 32.768 kHz（南桥旁边的时钟）。如图 6-21 所示为 14.318 MHz 晶振。

图 6-21　14.318 MHz 晶振

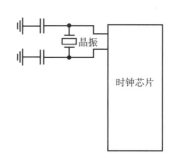

图 6-22　晶振与电容组成的谐振回路

晶振与电容组成一个谐振回路，从晶振的两脚之间产生 14.318 MHz 的频率输入时钟芯片，如图 6-22 所示。

二、主板时钟电路的工作原理

当主板启动后，南桥芯片收到 PG 信号，接着发送复位信号到主板时钟电路中的时钟发生器芯片，电源的 3.3 V 电压经过二极管和电感进入时钟发生器芯片，为主板时钟电路供电。

同时，时钟发生器芯片内部的分频器开始工作，晶振输出一个基本频率（14.318 MHz），由分频器分割成不同周期的信号，再对这些信号进行分频和倍频处理，最后通过时钟芯片旁边的电阻（33 Ω）输出。该输出频率大多会连接到各个设备上，又多会连接到没有晶振的时钟芯片上去（时钟信号进行分频和倍频处理后将会发送到南桥、北桥、CPU、PCI_E、I/O、网卡、声卡、BIOS、PCI 槽等设备）。

时钟控制 IC 输出的各种频率是由 14.318 MHz 晶振提供的基准振荡频率进行分频和倍频得到的，然后传送到主机板上各个设备，让各个设备可以正常运行。时钟电路工作原理：3.5 V 电源经过二极管和电感进入分频器后，分频器开始工作，和晶体一起产生振荡，在晶体的两脚均可以看到波形。在它的两脚各有 1 V 左右的电压，由分频器提供。晶体两脚产生的频率总和是 14.318 MHz，称为主频或总频。

总频（OSC）从分频器出来后，送到 PCI 槽的 B16 脚和 I/O 的 33 MHz 脚，这两脚称为 OSC 测试脚；也有的送到南桥，目的是使南桥的频率更加稳定。在总频 OSC 线上还加有电容，总频时钟波形幅度一定要大于 2 V 电平。如果开机数码卡上的 OSC 灯不亮，先查晶体两脚的电压和波形；如有电压有波形，总频线路正常，为分频器损坏；如无电压无波形，分频器电源正常，为分频器损坏；有电压无波形，为晶体损坏。

没有总频，南北桥、CPU、I/O、内存上就没有频率。有了总频，也不一定有频率。总频正常，可以说明晶体和分频器基本上正常，主要是晶体的振荡电路已经完全正常，反之就不正常。当总频产生后，分频器开始分频，电阻将分频器分过来的频率送到南桥，在南桥处理过后送到 PCI 槽 B8 和 I/O 的 33 MHz 脚，这两脚称为系统测试脚，这个测试脚可以反映主板上所有的时钟是否正常。系统时钟的波形幅度一定要大于 1.5 V，由南桥提供。在主板上 RESET 和 CLK 是南桥处理的，在总频和南桥电源正常的情况下，如果 RESET 和 CLK 都没有，为南桥损坏。主板不开机，RESET 不正常，先查总频。在主板上，时钟线比 AD 线粗一些，并带有弯曲。现在生产时钟 IC 的厂商很多，如 RTM、ICS、CY 等。

三、主板时钟电路故障检修流程及故障检测点

1. 主板时钟电路故障检修流程

主板时钟芯片电路故障一般是由供电部分的电感、电容损坏，晶振和谐振电容损坏，或系统时钟芯片损坏等造成。当系统时钟信号出现故障时，可以按照图6-23所示的故障检修流程图进行检修。

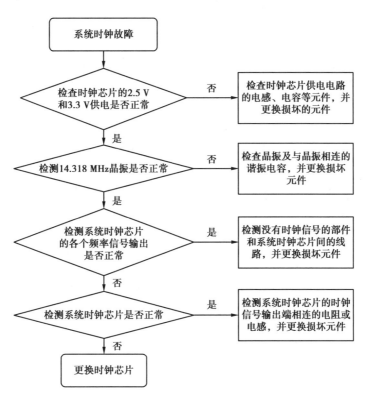

图 6-23　主板时钟电路故障检修流程图

2. 主板时钟电路故障检测点

①主板时钟电路易坏元件。

主板时钟电路中易坏的元件主要有电阻、电感、滤波电容、14.318 MHz 晶振、谐振电容和系统时钟芯片等。

②主板时钟电路故障检测点。

主板时钟电路主要故障检测点如下所述。

故障检测点 1：滤波电容。

滤波电容损坏可能导致无法正常为系统时钟芯片供电，使系统时钟芯片无法工作或工作不稳定。

检测方法：测量前观察电容有无鼓包或烧坏，接着将万用表调到欧姆挡的 20 K 挡，然后用万用表的两只表笔，分别与电容器的两端相接（红表笔接电容器的正极，黑表笔接电容器的负极），如果显示值从 "000" 开始逐渐增加，最后显示溢出符号 "1."，表明电容器正常；如果万用表始终显示 "000" 则说明电容器内部短路；如果始终显示 "1."，则可能电容器内部极间开路。

故障检测点 2：电感。

电感损坏将导致无法正常为系统时钟芯片供电或为设备提供时钟信号。

检测方法：将万用表调到 "蜂鸣" 挡，然后将万用表的两个表笔分别接触电感的两端，如果万用表显示数字值为 0，则电感内部短路；如果万用表显示的数值一直在跳变，则电感内部接触不良。

故障检测点 3：晶振。

晶振损坏后，计算机将无法开机。

检测方法：用示波器测量晶振两脚的波形和晶振两脚之间的阻值。如晶振的两脚有波形且两脚之间的阻值为 450 ~ 700 Ω，则晶振是正常的。

故障检测点 4：系统时钟芯片。

系统时钟芯片损坏后将导致主板无法启动。

检测方法：测量晶振两脚的电压（晶振两脚各有 1 V 左右的电压），如果有电压，说明时钟芯片内部的分频器正常，否则分频器损坏。接着测量 PCI 插槽的 B16 脚和 ISA 插槽的 B30 脚的时钟信号，如果没有，则系统时钟芯片损坏。

四、主板时钟电路常见故障及维修方法

1.主板时钟电路常见故障现象及原因

1）主板时钟电路常见故障现象

①开机后黑屏，CPU 不工作。

②开机后黑屏，内存不工作。

③开机后黑屏，显卡不工作。

2）造成主板时钟电路故障的原因

①电感损坏。

②滤波电容和谐振电容损坏。

③时钟芯片旁边的限流电阻损坏。

④晶振损坏。

⑤系统时钟芯片损坏。

⑥内存时钟芯片损坏。

2.主板时钟电路常见故障解决方法

主板时钟电路出现故障后，一般会造成计算机开机后黑屏，而且时钟信号不正常的设备停止工作，用主板诊断卡诊断，主板诊断卡的代码显示"00"。

主板时钟电路供电电路故障一般由电源管理芯片损坏、场效应管损坏、滤波电容损坏或限流电阻损坏等造成。

故障解决方法如下：

①用主板故障诊断卡检测主板，如果显示代码"00"，表示时钟故障。

②检测时钟芯片的 2.5 V 和 3.3 V 供电是否正常，如果不正常，检测电源插座到时钟芯片供电脚的线路（主要是连接的电容等元器件）。

③如果时钟芯片供电正常，用示波器测量 14.318 MHz 晶振脚波形，如果波形严重偏移，说明晶振本身损坏，更换晶振；如果晶振波形正常，应测量晶振连接的两个谐振电容的波形，如果波形不正常，则更换谐振电容。

④如果波形正常，接着检测系统时钟芯片的各个频率时钟信号输出是否正常，如果正常，检测没有时钟信号的部件和系统时钟芯片间的线路中损坏的元器件。

⑤如果不正常，检测与系统时钟芯片的时钟信号输出端相连的电阻或电感，并更换损坏的元器件。

⑥如果时钟电路故障还无法排除，更换时钟芯片。

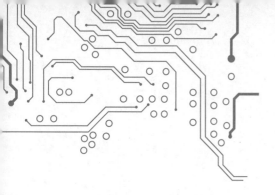

第七章　主板复位电路故障分析及维修方法

复位信号是主板工作必需的三大信号之一（除复位信号外，还有供电和时钟信号），如果复位出现故障将导致主板无法开机。

第一节　主板复位电路的分类及组成

一、主板复位电路的分类

根据主板复位信号的产生源和产生方式，可以将主板的复位电路分为自动复位电路和手动复位电路。其中，自动复位电路主要是在开机时使用，复位信号由 ATX 电源的第 8 脚提供；手动复位电路主要是在主板运行发生意外时，复位信号由复位开关提供。

二、主板复位电路的组成

主板复位电路主要由 ATX 电源的第 8 脚、复位开关、门电路、南桥、电阻和电容等元件组成，如图 7-1 所示。

1. ATX 电源第 8 脚

ATX 电源第 8 脚是在主板开机后（100 ~ 500 ms）自动产生一个由低到高的电平信号，作为复位信号。

图 7-1　复位电路的组成

2. 复位开关

复位开关（RESET）的作用是向复位电路发出触发信号，使南桥内部的系统复位控制模块复位，并向其他电路发送复位信号，使其他电路复位。复位开关主要用来实现手动复位，它直接用信号线连接机箱的 RESET 按钮。复位开关一端接地，另一端直接或间接地连到南桥内的系统复位控制模块，同时还连接到 ATX 电源的 3.3 V 电压或 5 V 电压。

第二节　主板复位电路的工作原理

电源、时钟、复位是主板能正常工作的三大要素。主板在电源、时钟都正常后，复位系统发出复位信号，主板各个部件在收到复位信号后，同步进入初始化状态。如图 7-2 所示为复位电路的工作原理图，各种主板实现复位的电路不尽相同，但基本原理是一样的。

假设主板已经通电运行，当按下复位键时，就会产生一个跳变的触发信号，此信号经过 A 点进入 74HC14 门电路芯片，经过两次反相后（信号波形不变，只是进行电平转换），经过 B 点进入南桥芯片。南桥芯片收到跳变信号后，本身先复位，同时其内部的复位电路从 C 点输出一个复位信号（一个由高电平向下跳变为低电平，再从低电平向上跳变为高电平的脉冲波）。

复位信号从 C 点分为两路，一路进入 74HC07 门电路芯片进行电平转换后进入 PCI 插槽、AGP 插槽以及北桥芯片，北桥复位后又产生一个复位信号输入 CPU；另一路复

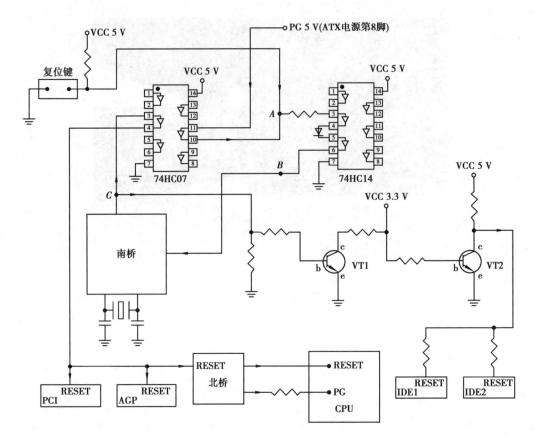

图 7-2 复位电路的工作原理图

位信号经过 VT1、VT2 进行电平转换，然后进入 IDE 接口。PCI 插槽、AGP 插槽、IDE 接口上的设备以及北桥芯片和 CPU，在复位信号到来后统一进入初始化状态。

那么刚开机时，复位信号又是如何产生的呢？刚开机时，ATX 电源供电正常 50 ms 后，第 8 脚（灰色线）的电平会由低变高，这就是电源好信号（PG），表示供电已经正常。电源好信号进入 74HC07 门电路芯片，经过电平转换后，从 A 点进入 74HC14 门电路芯片，此后的过程与按下复位键时的过程一样。

综上所述，复位信号的最初来源一个是由复位键触发得来，另一个是由 PG 信号得来。但 PG 信号并非一定取自 ATX 电源的第 8 脚，一些主板设计有 PG 信号产生电路，它是在主板各个部分工作电源正常 50 ms 后发出，原理是一样的。

在华硕计算机中，主板上所有的复位信号通常由一个单独的芯片产生。

第三节　主板复位电路故障检修流程及检测点

一、主板复位电路的故障检修流程

主板上的复位信号出现故障时通常会造成整个主板都没有复位信号。维修时应从 RESET 开关或电源的 PG 信号入手，检测线路中可能损坏的元件，如图 7-3 所示为主板复位电路故障检修流程图。

二、主板复位电路易坏元件及故障检测点

1. 易坏元件

主板复位电路易坏元件主要有门电路芯片、南桥、PG 信号连接的三极管等元件。

2. 主板复位电路故障检测点

故障检测点 1：复位开关。

如果复位开关无高电平，则无法实现电压跳变，就无法使南桥复位，测试复位开关是否有高电平（3.3 V 或 5 V），如果没有，则是电源插座到复位开关间线路中的元件（电容、电阻、三极管等）损坏，更换损坏的元件即可。

故障检测点 2：南桥的 PG 信号。

如果没有 PG 信号，则无法复位。检测电源插座的第 8 脚到南桥线路中的元件（电容、电阻、三极管等）是否损坏，如有损坏更换即可。

故障检测点 3：门电路芯片。

门电路芯片损坏将导致主板的复位电路无复位信号。首先检测门电路芯片的供电脚（VCC）是否有供电，如没有，检测电源插座到门电路芯片的 VCC 引脚间的线路；如有供电，接着检测门电路芯片连接南桥的引脚有无高电平，如没有，则是南桥损坏，否则是门电路芯片损坏。

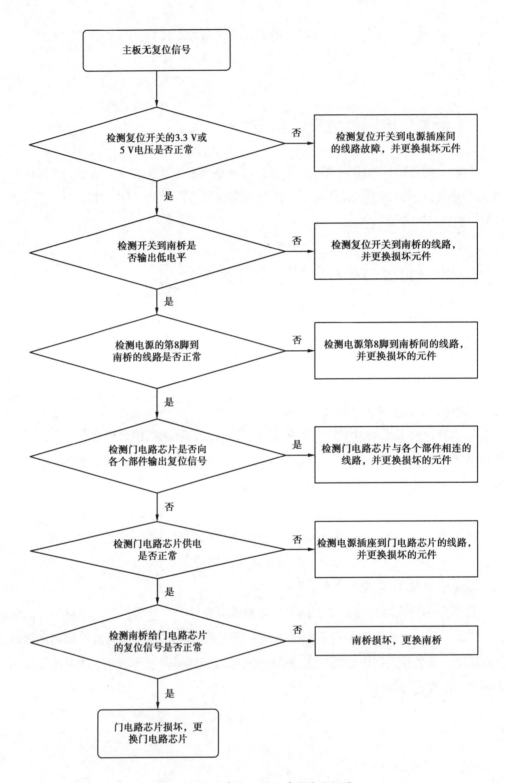

图 7-3　主板复位电路故障检修流程图

第四节　主板复位电路常见故障及维修方法

一、主板复位电路常见故障现象及原因

1. 主板复位电路常见故障现象

①主板诊断卡中的复位灯长亮或不亮。

②CPU 复位信号不正常。

③部分设备没有复位信号。

2. 造成主板复位电路故障的原因

①复位开关无高电平。

②无 PG 信号（电源第 8 脚到南桥的线路中有元器件损坏）。

③门电路芯片损坏。

④无时钟信号。

⑤南桥或北桥损坏。

⑥复位芯片损坏。

⑦CPU 电压识别无效。

二、主板复位电路常见故障解决方法

主板上的复位电路出现故障通常会造成整个主板都没有复位信号，主板测试卡显示 "FF"。主板复位电路供电电路故障一般由 PG 信号、门电路损坏、复位芯片损坏、复位开关无高电平等造成，维修时一般从 RESET 键和电源插座第 8 脚入手。

故障解决方法：

①首先测量 RESET 键的一端有无 3.3 V 高电平，如没有，检查复位键到电源插座之间的线路故障，并更换损坏的元器件。

②如有高电位，检测复位开关到南桥是否有低电平输出，如没有，检测复位开关到南桥的线路故障，并更换损坏的元器件。

③如有低电平输出，检测 ATX 电源第 8 脚（PG 信号）到南桥之间的线路是否有故障（主要检测线路中电阻、门电路或电子开关等），如有则更换损坏的元器件。

④如果没有则接着检查 I/O 芯片、南桥和北桥，接着通过切线法进行检查。先把进北桥的复位线切断，然后通电测量，如果 PCI 点复位正常，说明故障点在北桥。

⑤如果故障依旧，说明故障在南桥和 I/O 芯片之间，接着再通过切线法进一步判断故障是在 I/O 芯片还是在南桥，最后更换损坏的芯片即可。

提示

通常主板上某部分无复位信号就会造成主板不开机或不能识别某些设备的故障。通常设备复位信号故障判定如下：

① CPU 没有复位，而其他复位点都正常，一般故障点在北桥。

② I/O 芯片没有复位，通常会造成主板不亮，故障点通常在南桥。

③ IDE 接口没有复位，一般会造成主板能点亮但不认 IDE 接口设备的现象，故障在 IDE 到南桥之间的门电路或电子开关。

第八章 主板 BIOS 与 CMOS 电路故障分析及维修方法

CMOS（Complementary Metal Oxide Semiconductor）是互补金属氧化物半导体存储器。CMOS 是一种存储器（RAM），一般内置在主板的南桥中。CMOS 主要用来保存日期、时间、主板上存储器容量、硬盘类型和数目、显卡类型、当前系统的硬件配置和用户设置的某些参数等重要信息。CMOS 利用低耗能存储，关机时由一块备用电池供电。在 BIOS ROM 芯片中装有"系统设置程序"，以设置 CMOS RAM 中的各项参数。

BIOS（Basic Input Output System）是计算机的基本输入／输出系统，它存放着一段固化程序为计算机提供最底层的、最直接的硬件控制，计算机的原始操作都是依照固化在 BIOS 里的程序来完成的。或者说，BIOS 是硬件与软件程序之间的一个"转换器"，它负责开机时对系统的各项硬件进行初始化设置和测试，以确保系统能够正常工作，如果硬件不正常则立即停止工作，并把出错的设备信息反馈给用户。BIOS 属只读可编程存储器，内部固化的程序不会因断电而丢失。

第一节 主板 CMOS 电路故障分析及维修方法

一、主板 CMOS 电路的组成

CMOS 电路由 CMOS 电池、CMOS 随机存储器、CMOS 跳线、南桥芯片、实时时钟电路（包括晶振、谐振电容、振荡器等）以及供电电路等组成，如图 8-1 所示。

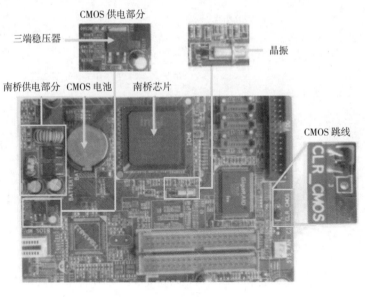

图 8-1　CMOS 电路

1. CMOS 随机存储器

CMOS 随机存储器开机时由 BIOS 对系统进行自检（主要是将自检到的系统配置与 CMOS 随机存储器中的参数进行比较），正确无误后才能启动。

CMOS 随机存储器的主要特点：功耗低、可随机读取或写入数据、断电后用外加电池来保持存储器的内容不丢失、工作速度比动态随机存储器（DRAM）高等。

2. 实时时钟电路

实时时钟电路的作用主要是产生 32.768 kHz 的正弦波形时钟信号，负责向 CMOS 电路和开机电路提供所需的时钟信号（CLK）。

提示

实时时钟电路产生的 32.768 MHz 的正弦波形时钟信号是主板上唯一的正弦波时钟信号。

3. CMOS 电池

CMOS 电池的作用主要是在主板断电后，向 CMOS 随机存储器和实时时钟电路提供电源，使 CMOS 随机存储器中的信息不丢失。CMOS 电路一直处于工作状态，可随时参与唤醒任务。

4. CMOS 跳线

CMOS 跳线的作用是切断 CMOS 电路的供电，清除 CMOS 存储器中的信息，清除之后，再开机到 BIOS 只读存储器中读取主板出厂时的默认值。CMOS 跳线有双针跳线和三针跳线两种，如图 8-2 所示为 CMOS 双针跳线。

图 8-2　CMOS 双针跳线

二、主板 CMOS 电路的工作原理

CMOS 电路工作原理如下：在图 8-3 中，X1（有的主板标注 Y1 ）为 32.768 kHz 的晶振，C1 和 C2 为谐振电容，CMOS 跳线为三针跳线。当主板接电后，二极管 VD1 输出电压为 3.3 V，二极管 VD2（电池的电压）低于 3.3 V，此时二极管 VD2 截止，CMOS 电路由二极管 VD1 供电，同时实时时钟电路向 CMOS 电路提供 CLK 时钟信号，CMOS 电路处于工作状态，并随时准备参与唤醒任务；当主板开机后，CMOS 电路会根据 CPU 的请求向 CPU 发送开机自检程序，准备开机；当主板断电后，二极管 VD1 截止，二极管 VD2 导通，此时主板电池开始向 CMOS 电路供电，保证 CMOS 电路正常工作，CMOS 存储器中的信息不丢失。

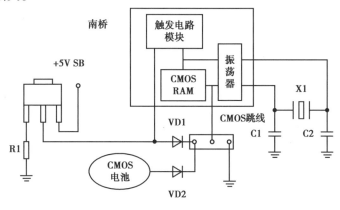

图 8-3　CMOS 电路

三、主板 CMOS 电路故障检修流程及检测点

1. CMOS 电路故障检修流程

CMOS 电路故障检修流程如图 8-4 所示。

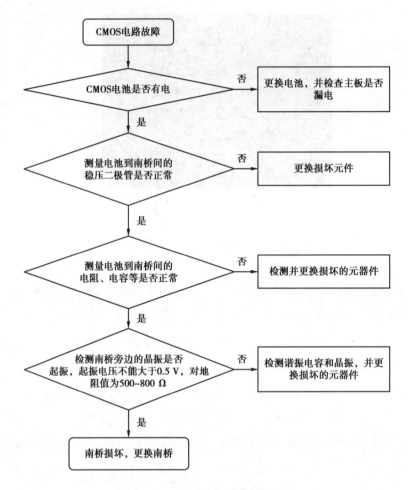

图 8-4　CMOS 电路故障检修流程

2. 主板 CMOS 电路故障检测点

1）主板 CMOS 电路易坏元器件

CMOS 设置无效
（不能保存 CMOS
设置）的讲解及维
修方法

①稳压二极管。

②三端稳压二极管。

③电池及电池插座。

④晶振。

⑤谐振电容。

⑥低压差三端稳压器。

⑦滤波电容。

2）主板 CMOS 电路故障检测点

故障检测点 1：CMOS 跳线。

CMOS 跳线设置不正确，将导致主板不能开机，在维修时应首先检查 CMOS 跳线设置是否正确，正常情况下跳线插在 "Normal" 设置上。

故障检测点 2：电池及电池插座。

如果 CMOS 设置不能保存，这时应重点检查电池是否有电，可用万用表测量（电池的电压一般在 3.0 V 左右），同时要检测电池插座的引脚是否焊接牢固。

故障检测点 3：二极管。

如供电部分的稳压二极管损坏将导致主板无法开机，检测方法为：首先将万用表调到欧姆挡或二极管挡，再将万用表的两只表笔分别接到二极管的两端进行测量，如果正、反向电阻值均为无穷大或均为 0 时，则该二极管内部损坏。

提示

更换损坏的二极管时，一定要注意更换相同型号的二极管，同为锗管或硅管。二极管的负极端用一道杠表示。

故障检测点 4：三端稳压二极管。

此处稳压二极管损坏将导致主板不能开机（有些主板没有），检测方法与二极管的方法基本相同。

故障检测点 5：低压差三端稳压器。

三端稳压器的中间脚为电压输出，若此元件损坏也将导致主板不能开机。检测方法为：带电测量三端稳压器中间引脚的电压值，如果为 0 或者小于 3 V，则稳压器损坏（测试方法：将万用表调到 20 V 电压挡，然后将红表笔接三端稳压器的中间引脚，黑表笔接地即可）。

注意

检测电容时，如果始终显示 "1"，有两种情况发生：一种是电容内部开路；另一种是选择的电阻挡不合适。

故障检测点 6：低压差三端稳压器输出端连接的滤波电容。

此滤波电容损坏同样主板不能开机。检测方法为：首先将万用表调到欧姆挡（20

K挡），然后将万用表的两只表笔分别接电容的两端（红表笔接电容的正极，黑表笔接电容的负极）；如果显示值从"000"开始逐渐增加，最后显示溢出符号"1"，则表示电容正常；如果显示值始终是"000"或"1"，则说明电容损坏。

故障检测点7：谐振电容。

谐振电容漏电或被击穿都将导致主板不能开机。检测方法与低压差三端稳压器输出端连接的滤波电容一样。

故障检测点8：晶振。

晶振损坏后，计算机可能不能开机或无法存储系统时间。检测方法为：测量晶振两端的电压，电压值为0.2 ~ 0.5 V表示正常。测试方法为：将万用表调到2 V电压挡，然后两只表笔分别接晶振的两个引脚即可。

四、主板 CMOS 电路常见故障及解决方法

1. CMOS 电路常见故障现象及原因

1）CMOS 电路常见故障现象

①计算机启动时，将出现"CMOS checksum error–Defaults loaded"提示。

②开机后提示"CMOS Battery State Low"。

③主板能够显示，CMOS 设置不能保存。

④主板不能开机。

⑤系统不能保存时间。

⑥新电池漏电，且不能开机。

⑦安上电池不能开机，取下电池能开机。

2）造成 CMOS 电路故障的原因

①电池没电或插座引脚与主板接触不良。

②CMOS 跳线设置错误。

③电池旁边的滤波电容漏电。

④实时时钟电路中的谐振电容损坏。

⑤晶振不良或损坏。

⑥南桥损坏。

2. CMOS 电路常见故障解决方法

①计算机启动时，出现"CMOS checksum error–Defaults loaded"提示。

故障分析：出现"CMOS checksum error-Defaults loaded"故障提示，说明主板保存的 CMOS 信息出现了问题，需要重置。

解决方法：如果供电电路正常，更换主板锂电池即可。

②计算机启动时，出现"CMOS checksum error-Defaults loaded"提示，更换电池后使用时间不长，故障再次出现。

故障分析：如果 CMOS 供电电路中的供电二极管出现短路或二极管与跳线间的电阻阻值增大，主板的供电将无法到达南桥芯片内部，但此时新电池还可以继续维持 CMOS 数据的供电，因此，计算机的启动和运行暂时不会受影响。但由于电池的供电能力有限，当电量耗尽后，故障将再次出现。另外，当供电电路中的滤波电容出现漏电时，由于电池的端电压被漏电电容泄漏了一部分，因此，时间一长，故障就会重现。

解决方法：首先检查 CMOS 供电中的供电二极管是否短路，滤波电容是否漏电，如果是这两个元器件出现问题，换之即可；如果不是，则可能是二极管与跳线间的电阻阻值增大，应更换一个阻值相同的电阻。

③开机后提示"CMOS Battery State Low"，有时可以启动，但使用一段时间后死机。

故障分析：这种现象大多是 CMOS 供电不足引起的，供电不足的原因可能是电池没电或 CMOS 电路中的电容漏电。

解决方法：更换 CMOS 电池，如果故障依旧，那么检查电路中的电容是否漏电，如漏电，更换电容；如正常，可检查电池插座是否松动，或检查电路中的供电二极管或三极管是否损坏。

④每次开机后，系统时间不正确，也无法保存设置后的时间。

故障分析：此故障一般是由于 CMOS 电池没电或实时时钟电路中的晶振损坏造成的。

解决方法：如果是 CMOS 电池没电，更换 CMOS 电池。如果 CMOS 有电，则测量实时时钟电路中的晶振是否损坏，如损坏，更换晶振；如正常，则可能是晶振旁边的谐振电容损坏，如谐振电容损坏，更换谐振电容。

⑤主板不能保存 CMOS 参数，怀疑是 CMOS 电池没电，于是关掉插座电源开关，更换 CMOS 电池，更换后重新开机，却发现无法开机。

故障分析：更换 CMOS 电池前，计算机可以工作，只是无法保存 CMOS 参数；更换 CMOS 电池后计算机无法开机。由于更换电池时只是关闭插座电源开关进行操作，因为开关关闭的只是交流电的零线，主机上仍有微弱电流，有可能在更换电池时造成 CMOS 电路中的元器件损坏。

解决方法：测量 CMOS 电路中的二极管、电容等元器件，如果元器件正常，并且电池有电，但CMOS电路没有工作，再测BIOS的AD线和PCI的AD线，发现没有电压，说明南桥损坏，更换南桥。

第二节　主板 BIOS 电路故障分析及维修方法

一、BIOS 芯片的功能与作用

基本输入输出系统（Basic Input Output System，BIOS）是计算机中最基本又最重要的程序，这段程序存放在一个不需要电源的记忆体（芯片）中。

BIOS 为计算机提供最底层的、最直接的硬件控制。计算机的原始操作都是依据固化在 BIOS 里的程序来完成的。准确地说，BIOS 是硬件与软件之间的一个"转换器"，或者说是接口。它负责开机时对系统的各种硬件进行初始化设置和测试，以确保系统能够正常工作。如果硬件不正常，则立即停止工作，并把出错的设备信息反馈给用户。如图 8-5 所示为主板 BIOS 芯片。

图 8-5　主板 BIOS 芯片

1. BIOS 芯片的功能

POST 通电自检：计算机接通电源后，系统首先由 POST 程序对内部各个设备进行检查。

BIOS 系统启动自举程序：系统完成 POST 自检后，BIOS 芯片按照 CMOS 设置中保存的启动顺序搜索软盘、硬盘、CD-ROM 及网络服务器等有效地启动驱动器，读入操作系统引导记录，然后将系统控制权交给引导记录，并由引导记录来完成系统的顺序启动。

2. BIOS 芯片的作用

自检及初始化：开机后 BIOS 首先被启动，然后对硬件设备进行彻底的检验和测试。如果发现问题，分两种情况：一种是严重故障停机，不给出任何提示信息；另一种是不严重故障，给出屏幕提示信息或声音报警信号，等待用户处理。如果未发现问题，则将硬件设置为备用状态，然后启动操作系统，把计算机的控制权交给用户。

设定中断：开机后，BIOS 会告诉 CPU 各硬件设备的中断号，当用户发出使用某个设备的指令后，CPU 就根据中断号使用相应的设备完成工作，再根据中断号跳回原来的工作。

程序服务：BIOS 直接与计算机的 I/O 设备打交道，通过特定的数据端口发出命令，传送或接收各种外部设备的数据，实现软件对硬件的直接操作。

二、主板 BIOS 电路的工作原理

当按下电源按钮时，主板就开始加电运行。加电后 CPU 并不知道从哪里开始读取指令并执行，因此各 CPU 生产厂商统一约定：对于加电后的 CPU 里的指令寄存器复位为 0FFFF：0000，这个地址就是 BIOS 程序占用的内存地址。接着就是 CPU 如何找到 BIOS，并将控制权交给它，这就是一个寻址过程。为了更好地说明这个寻址过程，请看下面的 BIOS 电路原理图，如图 8-6 所示。

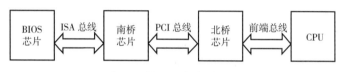

图 8-6　BIOS 电路原理图

加电或复位后，CPU 通过前端总线发出第一条寻址指令，北桥接到寻址指令后，通过 PCI 总线发给南桥芯片，南桥芯片通过 ISA 总线再继续寻址，寻到 0FFFF：0000 这个地址是在 BIOS 芯片里。于是 0FFFF：0000 这个地址里的指令（通常是一条跳转指令）通过 ISA 总线—南桥芯片—PCI 总线—北桥芯片—前端总线，送到 CPU 里执行。

第一条指令后，BIOS 取得硬件系统的控制权，就对计算机进行自检。如果自检不通过，此时根据主板诊断卡的指示代码，就可以知道故障所在。

三、BIOS 芯片封装及引脚功能

1. BIOS 的封装形式和容量

主板上常见的 BIOS 芯片封装形式主要有两种：一种是 DIP 封装形式，另一种是 PLCC 封装形式，如图 8-7 所示。其中，DIP 封装形式为长方形的双列直插方式，通常插在插座上；而 PLCC 封装形式为正方形四边都有折弯形引脚的封装方式。

（a）DIP 封装　　　　（b）PLCC 封装

图 8-7　BIOS 芯片封装形式

2. BIOS 芯片的引脚功能

BIOS 芯片的型号很多，但引脚定义大致相同，下面以 PLCC 封装的 BIOS 芯片为例，讲解 BIOS 芯片的引脚定义。如图 8-8 和表 8-1 所示分别为 BIOS 芯片引脚图和引脚功能。

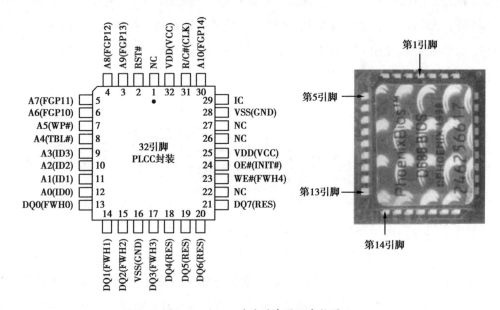

图 8-8　BIOS 芯片引脚图及实物图

表 8-1　BIOS 芯片引脚功能

引脚	功能	引脚	功能
A0 ~ A16 引脚	地址线	DQ0 ~ DQ7	数据线
NC	空脚	VSS（GND）	接地线
VPP （有的芯片没有）	编程电压（一般为 12 V、5 V、3.3 V）	VDD（VCC）	芯片供电电压（一般为 5 V 或 3.3 V）
CE#CS# （有的 BIOS 没有）	片选信号（低电平有效）	OE#	数据允许输出信号端（低电平有效）
WE#	读写信号控制端（由南桥发出，高电平允许读）		

四、主板 BIOS 电路故障检修流程及检测点

1. 主板 BIOS 电路故障检修流程

BIOS 芯片出现故障后计算机将无法自行启动自检程序。BIOS 芯片的故障除 BIOS 内部的程序损坏、BIOS 本身损坏外，还有 CPU、南桥、总线等也会造成 BIOS 无法正常工作。当 BIOS 芯片故障造成计算机无法启动时，可以按照 BIOS 电路故障检测流程图进行维修，如图 8-9 所示。

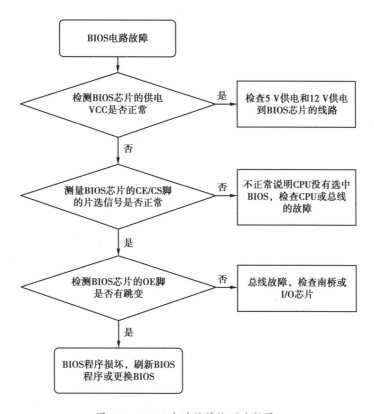

图 8-9　BIOS 电路故障检测流程图

2. 主板 BIOS 电路故障检测点

故障检测点 1：BIOS 芯片片选信号。

一般 BIOS 芯片的第 22 引脚（CS#、CE#）为片选信号控制端，此信号低电平有效，当 BIOS 芯片的此引脚为低电平时，表明 BIOS 芯片已经被选中，如果这时 BIOS 没有工作，则可能是 BIOS 芯片损坏（供电正常的情况下）。

检测方法：将数字万用表的量程开关拨到直流 "20 V" 挡位，然后将黑表笔接地（可以接在 USB 口的金属外壳上），再将红表笔接在 BIOS 芯片的片选信号控制端，接着启

动主板，观察开机瞬间是否有一个低于 0.7 V 的低电平信号。如果有，则说明 BIOS 芯片被选中，可能是 BIOS 芯片供电有问题或 BIOS 芯片损坏；如果没有，说明南桥没有发出片选信号，检查 BIOS 到南桥间的线路。

故障检测点 2：滤波电容。

BIOS 芯片供电线路上的滤波电容损坏将导致 BIOS 芯片无法工作，如果 BIOS 芯片的工作电压有问题，应检查滤波电容漏电或损坏。

检测方法：首先将万用表调到欧姆挡的"20K"挡，然后用万用表的两只表笔，分别与电容器的两端相接（红表笔接电容器的正极，黑表笔接电容器的负极），如果显示值从"000"开始逐渐增加，最后显示溢出符号"1"，表明电容器正常；如果万用表始终显示"000"，则说明电容器内部短路；如果始终显示"1"，则可能电容器内部极间开路。

五、主板 BIOS 电路常见故障及维修方法

主板 BIOS 芯片损坏后，计算机不能开机。如果用诊断卡检查，诊断卡一般显示"41"或"14"。

BIOS 电路故障维修方法如下：

①首先检测 BIOS 芯片的供电是否正常（VCC），如果电压不正常，检测主板电源插座到 BIOS 芯片的供电脚之间的元器件以及线路。

②如果供电正常，接着测量 BIOS 芯片的 CE/CS 脚是否有片选信号，如果没有片选信号则说明 CPU 没有选中 BIOS，故障应该出现在 CPU 本身或前端总线，检查 CPU 和前端总线，并排除故障。

③如果可以测到片选信号，接着检测 BIOS 芯片的 OE 脚是否有跳变信号，如果没有，则是南桥、I/O 芯片、PCI 总线的故障所致，重点检查南桥或 I/O 芯片。

④如果能测到调变信号，则可能是 BIOS 内部的程序损坏或 BIOS 芯片本身损坏。

提示

在刷新 BIOS 程序时，要使用高于原版本型号的 BIOS 程序，不能使用比原版本低的程序。另外，如果无法找到所维修的主板 BIOS 程序，可以找一块相同型号的主板，然后用编程器将其 BIOS 数据读出复制到计算机中，再写入故障 BIOS 芯片即可。

第九章　主板 I/O 接口故障分析及维修方法

第一节　PS/2 接口电路分析及检修流程

PS/2 接口是鼠标和键盘的专用接口，呈 6 孔圆形状，如图 9-1 所示。键盘、鼠标只使用其中的 4 个引脚，其余两个引脚为空脚，其引脚功能如表 9-1 所示，键盘接口为紫色，鼠标为绿色。

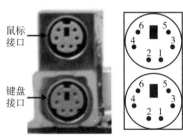

图 9-1　PS/2 接口

表 9-1　PS/2 接口各引脚功能

引脚	第一引脚	第 2 引脚	第 3 引脚	第 4 引脚	第 5 引脚	第 6 引脚
PS/2	数据脚	空脚	接地脚	5 V 供电脚	时钟脚	空脚

PS/2 接口的电路如图 9-2 所示，5 V SB 待机电压（ATX 电源第 9 脚）通过保险为 PS/2 接口提供 5 V 电压。同时，5 V SB 待机电压通过 R1、R2 为数据脚和时钟脚提供 5 V 上拉电压，数据脚和时钟脚通过电感 L1 和 L2 连接 I/O 芯片。C1、C2 为滤波电容，作用是将高频杂波旁路至地，以去除高频干扰。

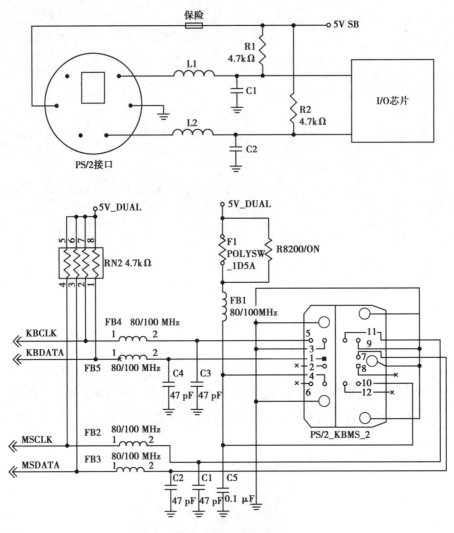

图 9-2　PS/2 接口电路

一、PS/2 电路故障检修流程

PS/2 接口电路故障一般是由供电部分的电感、电容、上拉电阻、滤波电容以及数据线上的电感等元件损坏造成的。当 PS/2 接口电路出现故障时，可以按照如图 9-3 所示的故障检修流程图进行检修。

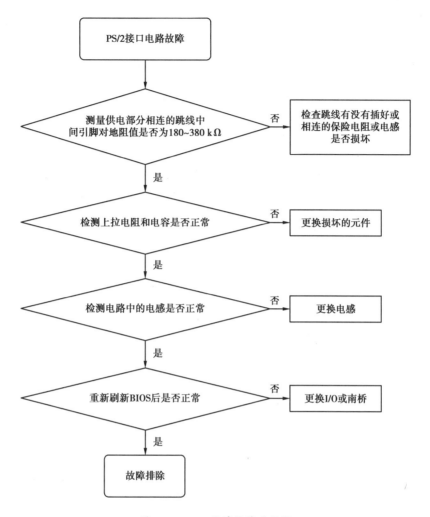

图 9-3 PS/2 故障检修流程图

二、PS/2 电路故障检测点

键盘鼠标接口电路的讲解及检修分析

1. 易坏元件

主板 PS/2 接口电路中易坏元件主要有电感、滤波电容、上拉电阻、保险电阻等，最容易坏的是贴片电阻。

2. 故障检测点

故障检测点 1：PS/2 连接的滤波电容和上拉电阻。

电容损坏可能导致 PS/2 无法正常传输数据或为键盘、鼠标提供时钟信号；上拉电阻损坏将导致数据线上的信号变弱，使键盘、鼠标的工作变得不稳定，即有时能用，有时不能用。

故障检测点 2：PS/2 接口的数据和时钟脚连接的电感。

电感的损坏将导致无法为键盘、鼠标提供时钟信号或传输数据，从而导致键盘、鼠标无法使用。

故障检测点 3：PS/2 接口的供电连接的保险电阻。

保险电阻如果被烧毁，将无法为键盘鼠标供电。

三、PS/2 电路常见故障现象及维修方法

1. PS/2 接口电路常见故障现象

①主板键盘口不能使用。

②主板鼠标口不能使用。

③键盘能够识别，但不能使用。

2. 造成 PS/2 接口电路故障的原因

①贴片电感损坏。

②滤波电容损坏。

③保险电阻损坏。

④提升信号的上拉电阻损坏。

⑤键盘口座和鼠标口座有虚焊或断脚现象。

⑥控制键盘口和鼠标口的 I/O 芯片损坏。

四、PS/2 接口电路常见故障分析及维修方法

①键盘、鼠标不能使用。

原因分析：键盘、鼠标损坏或接反，键盘、鼠标接口接触不良，键盘、鼠标供电问题或信号线路不通，南桥或 I/O 芯片损坏等原因。

解决方法：具体的排除方法遵循图 9-3 所示 PS/2 的故障检修流程。

②键盘、鼠标有时能用、有时不能用。

原因分析：键盘、鼠标接触不良或供电不足，信号线上的上拉电阻损坏，南桥或 I/O 芯片内部的控制器工作不稳定。

解决方法：

①检测是否是键盘、鼠标本身的故障，检测方法是使用替换法；如果键盘、鼠标正常，接着检查键盘、鼠标接口是否虚焊或接口是否氧化。

②检查供电部分的保险电阻是否变质，滤波电容是否漏电。

③如果供电正常，接着检查信号线连接的上拉电阻是否损坏，连接的电容是否不规则漏电。

④如果这些都正常，则可能是南桥或 I/O 芯片内部的控制器工作不稳定，更换南桥或 I/O 芯片即可。

第二节　USB 接口电路分析及检修流程

USB（Universal Serial Bus）接口即"通用串行总线"接口。现在很多设备均可通过 USB 接口与计算机连接，如数码相机、打印机、U 盘等。USB 接口的特点是速度快、兼容性好、不占中断、可以串接、支持热插拔等。目前 USB 接口有两种标准，分别是 USB2.0 标准和 USB3.0 标准。其中，USB2.0 标准接口的数据传输速度为 480 Mbit/s，USB3.0 标准接口的数据传输速度为 5 Gbit/s。主板上一般都会有两个以上的 USB 接口，如图 9-4 所示。USB 接口的引脚定义如表 9-2 所示。

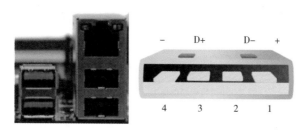

图 9-4　USB 接口

表 9-2　USB 接口的引脚定义

引脚序号	1	2	3	4
引脚定义	+5 V	DATA–	DATA+	GND
功能描述	5 V 电压输入	数据输出	数据输入	地

USB 接口的数据输出、数据输入引脚一般是通过电感或电阻与南桥芯片相连，也有直接与南桥芯片相连的，如图 9-5 所示。

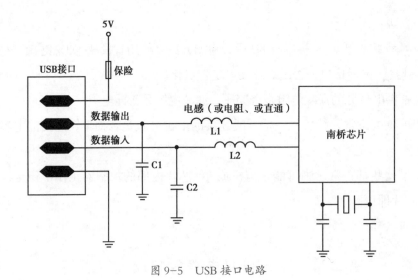

图 9-5　USB 接口电路

一、USB 电路故障检修流程

USB 接口电路故障一般是由电感、滤波电容或电阻损坏等造成的，当 USB 接口电路出现故障时，可以按照图 9-6 所示的故障检修流程图进行检修。

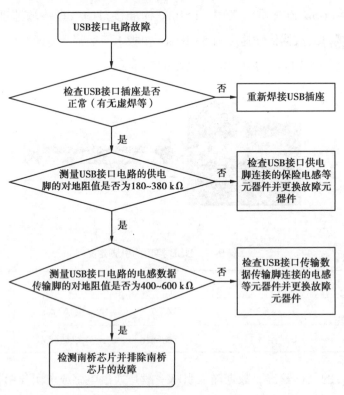

图 9-6　USB 故障检修流程图

USB 接口电路的
讲解及检修方法

二、USB 电路故障检测点

1. 易坏元器件

主板 USB 接口电路中的易坏元器件主要有保险、电感、滤波电容、电阻等。

2. 故障检测点

故障检测点 1：保险。

保险电阻如果烧毁，将无法为 USB 接口电路供电。

故障检测点 2：滤波电容。

电容损坏可能导致无法正常传输数据。

故障检测点 3：贴片电感。

电感损坏将导致 USB 接口电路无法正常传输数据，从而导致 USB 接口无法使用。

三、USB 电路常见故障现象及维修方法

1. USB 接口电路常见故障现象

①主板 USB 接口不能使用。
②USB 设备不能被识别。

2. 造成 USB 接口电路故障的原因

①USB 接口电路中供电脚上的保险电感损坏。
②USB 接口插座有断脚或虚焊。
③滤波电容损坏。
④数据传输线上的电感损坏。
⑤控制 USB 接口的南桥芯片损坏。

四、USB 接口电路常见故障分析

1. 所有 USB 接口都不能使用

故障分析：可能是南桥芯片损坏。

解决方法：应重点检查供电和南桥芯片。

2. 某个 USB 接口不能使用

故障分析：可能是由于 USB 接口插座接触不良，USB 接口电阻中连接的电感、滤波电容、上拉电阻等损坏。

解决方法：首先确认是不是 USB 插座接触不良，如果不是，接着检查与 USB 的供电线路有关的元件，检查其是否损坏，损坏更换即可。

3. USB 设备不能识别

故障分析：一般是由于 USB 插座的供电电流太小，导致供电电压不足所致。

解决方法：应重点检查供电线路中连接的电感及滤波电容。

第三节　串行接口电路分析及检修流程

串行接口也称为 COM 口，一般有 9 脚和 25 脚两种接口，通常采用 9 脚 D 形接头，如图 9-7 所示，具体功能如表 9-3 所示。串行接口主要连接外置设备调制解调器、串口鼠标（已淘汰）等使用串形接口通信的设备。

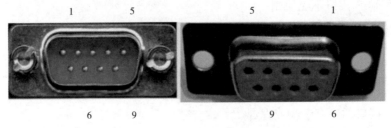

图 9-7　串口接口的引脚排列顺序

标准的串口能够达到最高 115 Kbit/s 的数据传输速度，而一些增强型串口如 ESP 则能达到 460 Kbit/s 的数据传输速度。

表 9-3　串口接口各引脚功能

引脚	引脚定义	功能	引脚	引脚定义	功能
第 1 引脚	DCD	载波检测	第 6 引脚	DSR	数据准备好
第 2 引脚	RXD	接收数据	第 7 引脚	RTS	请求发送
第 3 引脚	TXD	发送数据	第 8 引脚	CTS	清除发送
第 4 引脚	DTR	数据终端准备好	第 9 引脚	RI	振铃指示
第 5 引脚	SG	信号地线			

主板串行接口电路主要由串口插座、滤波电容、串口管理芯片、南桥或 I/O 芯片等组成。串口接口电路可以由南桥芯片控制，也可以由 I/O 芯片控制。

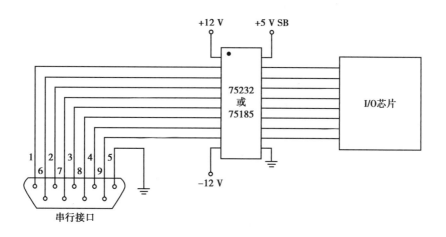

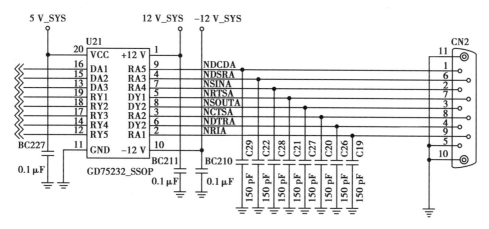

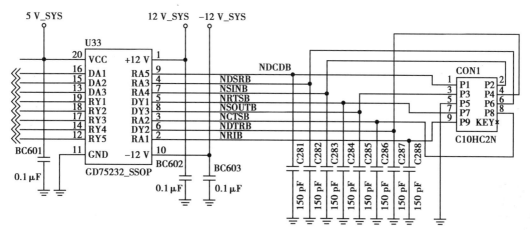

图 9-8　串口接口电路的原理图

如图 9-8 所示是串口接口电路的原理图。该图的 I/O 芯片内置了串口数据控制器用来控制串口芯片。串行接口芯片使用 3 组电压：+12 V、–12 V、+5 V，必须保证这 3 组电压正常，这样芯片才能正常工作。主板上通常有两个串行接口，如果只是其中一个串行接口不能使用，那么与之连接的串行接口芯片损坏的可能性较大；如果两个串行接口都不能使用，那么 I/O 芯片损坏的可能性较大。

一、串口接口电路故障检修流程

串口接口电路故障一般是由于串口管理芯片故障、滤波电容损坏等造成的，当串行接口电路出现故障时，可以按照图 9-9 所示的故障检修流程图进行检修。

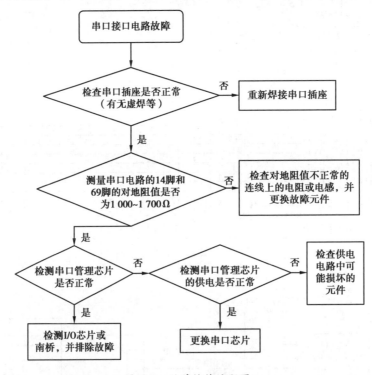

图 9-9 故障检修流程图

二、串口电路故障检测点

COM 口接口电路的讲解及检修方法

1. 易坏元器件

主板串口电路中的易坏元器件主要有串口管理芯片、滤波电容、二极管等。

2. 故障检测点

故障检测点 1：串口管理芯片。

串口管理芯片损坏将导致主板的串口无法正常工作。串口管理芯片的检测方法：测量串口插座到串口管理芯片中的数据对地阻值，如串口管理芯片正常，所有数据线对地阻值应该相同；如有不同，则说明串口管理芯片损坏。

故障检测点 2：串口连接的滤波电容。

电容损坏可能导致串口无法正常传输数据。判断电容好坏的方法在此不再多讲。

故障检测点 3：串口电路中连接的二极管。

稳压二极管的损坏将导致无法向串口管理芯片供电，从而导致串口芯片不能工作。二极管的检测方法在此也不多讲。

三、串口电路故障维修

1. 串口电路常见故障现象

①主板上所有串口不能使用。

②主板上只有一个串口可以使用。

2. 造成串口电路故障的原因

①串口电路中连接的二极管损坏。

②串口插座有断针或虚焊。

③滤波电容损坏。

④串口管理芯片损坏。

⑤提升信号的上拉电阻损坏。

⑥串口有虚焊或断脚现象。

⑦控制串口的 I/O 芯片损坏。

四、串口接口电路常见故障分析

当计算机的串口接口出现故障而不能使用时，可能的原因是：

①串口插座接触不良。

②串口管理芯片损坏。

③串口管理芯片供电部分连接的稳压二极管损坏。

④串口电路中连接的滤波电容损坏等。

计算机串口出现故障后的检测遵循图 9-9 所示的故障检修流程图进行。

第四节 并行接口电路分析及检修流程

并行接口主要是用来连接打印机端口，使用的是 25 孔双排针插座，D 形接头，如图 9-10 所示。即有 25 根连线，其中 8 根是地线；剩下的 17 根连接线中，数据线占 8 根，可进行数据输出，状态线占 5 根，用来输入状态信号，控制线占 4 根，用来输出控制信号。具体各个引脚功能如表 9-4 所示。

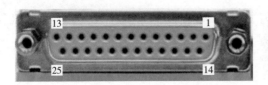 

图 9-10 并行接口

表 9-4 并行接口各个引脚的功能

引脚序号	引脚定义	功能描述	引脚序号	引脚定义	功能描述
1	STROBE	选通	14	AUTOFD	自动换行
2	D0	数据线	15	ERROR	错误
3	D1	数据线	16	ININ	初始化
4	D2	数据线	17	SELIN	选择输入
5	D3	数据线	18	GND	地
6	D4	数据线	19	GND	地
7	D5	数据线	20	GND	地
8	D6	数据线	21	GND	地
9	D7	数据线	22	GND	地
10	ACK	应答	23	GND	地
11	BUSY	忙信号	24	GND	地
12	PE	缺纸	25	GND	地
13	SEL	选择			

并行接口电路主要由并行插座、排阻、排容、并行管理芯片（有的主板并口电路没有单独的并行管理芯片）、I/O 芯片或南桥芯片等组成，主板并行接口电路如图 9-11 所示。

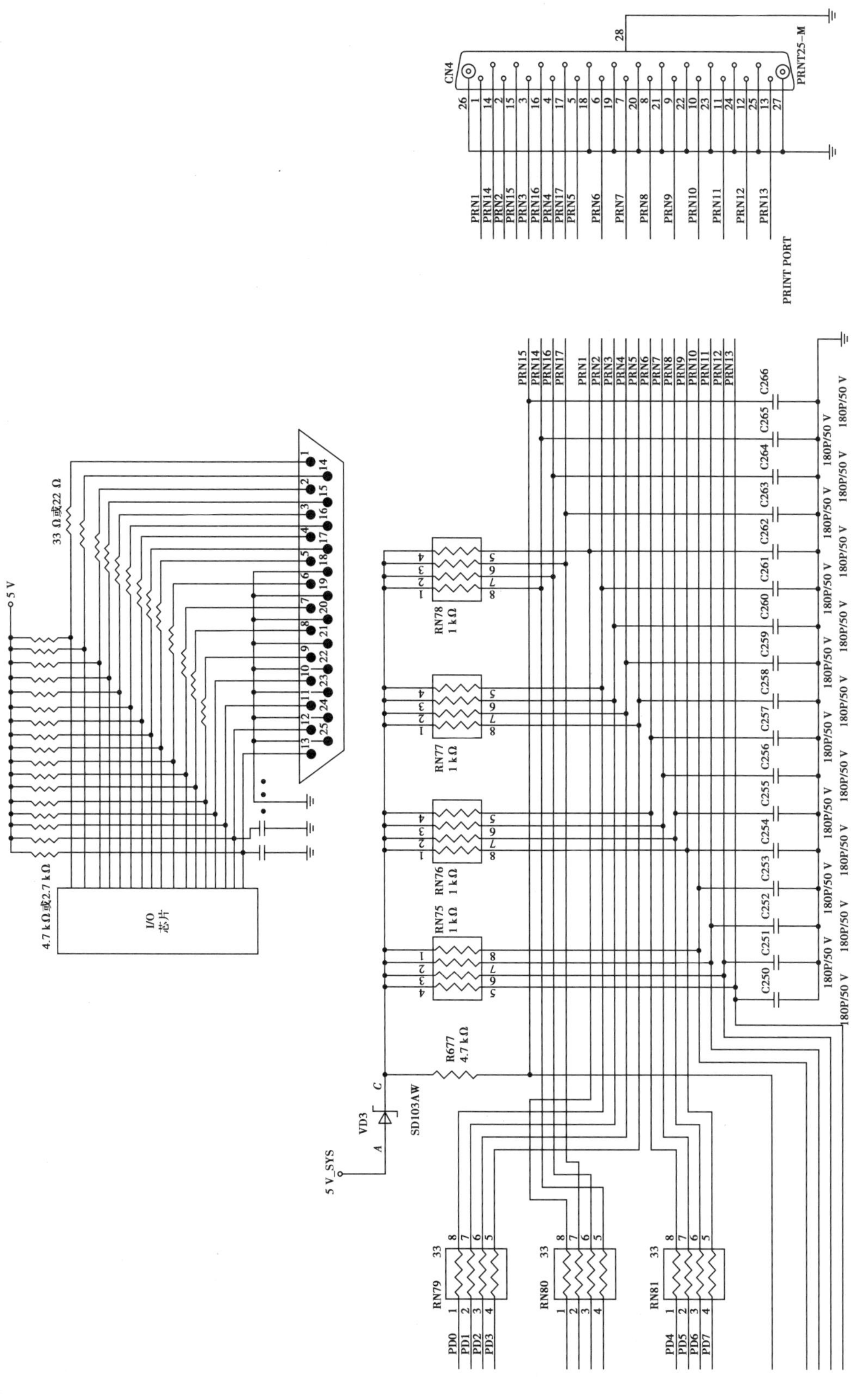

图 9-11 并行接口电路图

一、并行接口电路故障检修流程

并行接口电路故障一般是由排阻、上拉电阻、滤波电容或并行管理芯片损坏等造成的。当并行接口电路出现故障时，可以按照图 9-12 所示的故障检修流程进行检修。

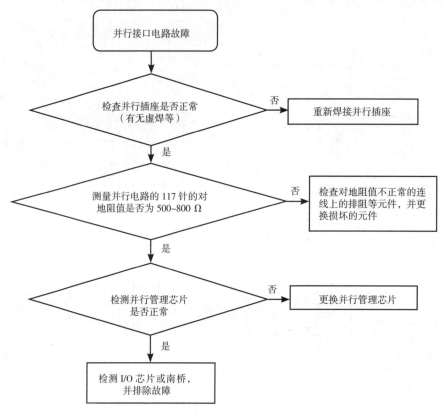

图 9-12　故障检修流程

二、并口电路故障检测点

1.易坏元器件

主板并口电路中的易坏元器件主要有并口管理芯片、滤波电容、上拉电阻、二极管等。

2.故障检测点

打印头接口电路的
讲解及检修分析

故障检测点 1：并行管理芯片。

并行管理芯片损坏将导致主板的并口无法正常工作。

检测方法：测量并口插座到并行管理芯片中 117 引脚的对地阻值是否为 500 ~ 800 Ω。如并口管理芯片 117 引脚的对地阻值没有 500 ~ 800 Ω，则说明并口管理芯片损坏；或其中一引脚的阻值无穷大或小于 500 Ω，也说明并口管理芯片损坏。

故障检测点 2：并口连接的滤波电容和上拉电阻。

滤波电容损坏可能导致串口无法正常传输数据，而上拉电阻损坏将导致数据信号变弱，使并口的工作变得不稳定。

故障检测点 3：并行电路中连接的二极管。

稳压二极管的损坏将导致无法向并口管理芯片供电，从而导致并口信号传输不正常。二极管的检测方法在此也不多讲。

三、并口电路故障维修

1. 并口电路常见故障现象

①主板并口不能使用。

②主板并口时好时坏。

2. 造成并口电路故障的原因

①并口电路中连接的二极管损坏。

②并口插座有断脚或虚焊。

③滤波电容损坏。

④串口管理芯片损坏。

⑤提升信号的上拉电阻损坏。

⑥并口有虚焊或断脚现象。

⑦控制并口的 I/O 芯片损坏。

四、并口接口电路常见故障分析

当计算机的并口接口出现故障不能使用时，可能的原因是：

①并口插座接触不良。

②并口管理芯片损坏。

③并口管理芯片供电部分连接的稳压二极管损坏。

④并口电路中连接的滤波电容损坏等。

计算机并口出现故障后的检测遵循图 9-12 所示的故障检修流程图进行。

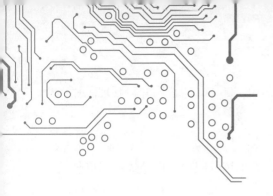

第十章　常见主板故障及维修方法

第一节　开机无显示

开机无显示是比较常见的故障，开机无显示的原因很多，下面逐步地讲解开机无显示的维修过程。

第一步：

能开机即说明开机触发电路能正常工作，也就是说南桥和 I/O 芯片这部分电路基本上是正常的。碰到这种故障，首先目测 CPU、内存供电部分的滤波电容有没有爆浆现象，如果有，更换电容。如图 10-1 所示为已爆浆的电容。有些容量已经消失的电容从表面并不一定能看出来，所以一般都是将爆浆电容附近的电容也一起更换。

图 10-1　爆浆的电容

目测 CPU、内存供电电路的场效应管是否有明显的烧焦痕迹，如有，应更换场效应管。

第二步：

通过目测将明显损坏的元件更换后插上诊断卡，装上 CPU 假负载，通电开机，检查 CPU 的供电、时钟、复位等是否正常。CPU 的核心电压是从 12 V 电压转换而来，首先测量此 12 V 电压是否正常，如图 10-2 所示。

如果此 12 V 供电电压正常，接着测量 CPU 的核心电压是否正常，如图 10-3 所示。

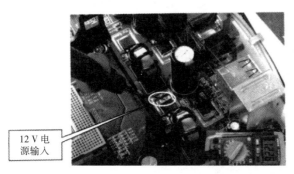

12 V 电源输入

图 10-2　12 V 供电电压　　　　　　　　　　　图 10-3　CPU 的核心电压

CPU 核心电压为 1.1 ~ 1.85 V，视具体的 CPU 而定。在 12 V 供电电压正常的情况下，核心电压不正常的原因主要有两个：场效应管损坏和电源控制芯片损坏。但场效应管损坏是最常见的。可以在断电的情况下测量场效应管每两个脚之间的正反阻值，万用表的红黑表笔与场效应管 3 个脚的 6 组不同的接法中，如果测出 3 组接法是低阻值，表明场效应管已经被击穿损坏。即使测不出 3 组低阻值，也并不表明该场效应管是好的，可以使用替换法更换上好的场效应管后，通电测电压是否已经恢复正常。

第三步：

CPU 核心电压不正常，大部分原因是供电的场效应管损坏了，通常更换上好的场效应管后就会正常。如果测出 CPU 核心电压还是不正常，那就怀疑是电源控制芯片损坏了，可以测量场效应管的栅极是否有电压。因为栅极是受控于电源控制芯片的，如果没有电压，则会使电源控制芯片的门控脚没有电压输出，可以测量电源控制芯片是否有工作电压。如果有工作电压，则可能是电源控制芯片损坏，更换该芯片后，CPU 的核心电压一般都能恢复正常。如图 10-4 所示为 RT9231A 电源控制芯片，各个电源控制芯片的引脚排列都不相同，要对照查看相关的芯片资料。

第四步：

CPU 核心电压正常后，CPU 就能正常地运行，诊断卡也就能显示 BIOS 自检过程。

高端门控脚

低端门控脚

电源控制芯片

图 10-4　电源控制芯片

经过上面几步，如果开机能显示，说明是因为 CPU 核心电压不正常而导致开机无显示；如果故障依旧，通过查看诊断卡的数码显示，可以知道 BIOS 自检到哪一部分不通过。

　　在实际维修中，内存检测不通过的故障是非常多见的，诊断卡一般都是显示到 CI 数字时（十六进制）就停止了，如图 10-5 所示。

显示 "CI"，
表示内存检
测不通过

图 10-5　诊断卡

　　内存检测不通过的原因：内存供电不正常、内存插槽氧化或烧毁引起接触不良、内存与北桥连接的线路断开等。

　　①内存供电不正常的维修。

　　内存供电是否正常，可以通过测量内存插槽的电压输入脚来判断。SDRAM 内存插槽的电压输入脚，是在较长的一段从中间定位卡数过来的第 1 脚，电压通常为 3.3 V，如图 10-6 所示。SDRAM 内存插槽并不只有一个 3.3 V 电压输入脚，但是这个电压输入脚正好在定位卡的旁边，很容易记住。

　　DDR 内存插槽的电压输入脚是在其较长的一段从定位卡数过来的第二脚，电压为 2.5 V 左右，如图 10-7 所示。

　　内存供电不正常的原因通常是供电给内存的场效应管损坏或滤波电容失效。如图 10-8 所示为已经烧毁的内存供电场效应管，一般更换新的场效应管后内存供电就正常了。

　　对于滤波电容的失效，同样是更换新的滤波电容就行了，在第一步已经提到。如

图 10-6 SDRAM 内存插槽

图 10-7 DDR 内存插槽

烧毁的内存供电场效应管

图 10-8 烧毁的内存供电场效应管

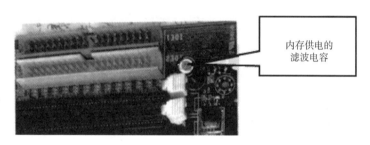

内存供电的滤波电容

图 10-9 内存供电的滤波电容

图 10-9 所示为内存供电的滤波电容。

②内存插槽氧化或烧坏的维修。

主板使用的时间长了，内存插槽就会氧化。有的是不注意把内存插反了，引起内存插槽烧毁。这两种情况都会引起内存接触不良，最好的办法就是更换内存插槽。

③内存与北桥芯片连接的线路断开。

一般是与内存插槽相连的排阻损坏断路，或连接至北桥芯片的铜箔线路断开，这种情况并不多见，只要更换排阻或补线后就能恢复正常。

如图 10-10 所示为内存插槽连接至北桥芯片的铜箔线路断开。

第五步：

经过以上的处理后，主板应该都能正常工作。如果 CPU 和内存供电都正常，诊断卡能跑完诊断，但是接上显示卡就是不能显示，这种情况也是比较常见的，此时可以

此处已经划伤断开

图 10-10　内存插槽连接至北桥芯片的铜箔线路断开

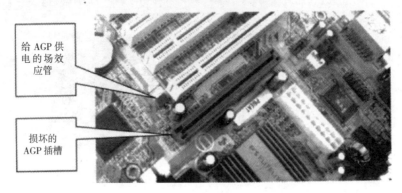

给 AGP 供电的场效应管

损坏的 AGP 插槽

图 10-11　已经损坏的 AGP 插槽

检测 AGP 插槽的电压和复位是否正常。通常是给 AGP 插槽提供 1.5 V 电压的场效应管损坏，导致电压输出偏低，此时直接更换该管即可，如图 10-11 所示。

如果 AGP 插槽的电压和复位都正常，那么可能是 AGP 插槽氧化或引脚损坏。 如 AGP 插槽轻微氧化，有时用牙刷蘸挥发清洗液刷洗后就能正常使用；如果 AGP 插槽氧化严重或引脚损坏，就只能更换 AGP 插槽了。图 10-11 所示为已经损坏的 AGP 插槽。

开机无显示的另一种情况是由于 BIOS 程序丢失、北桥芯片虚焊或烧毁、CPU 插座虚焊而引起，它的表现是能开机，CPU、内存插槽、AGP 插槽供电都正常，但诊断卡不能工作。

碰到这种情况，可用手压北桥芯片和 CPU 插座，如图 10-12 所示，如果诊断卡能开始工作，则说明是北桥芯片或 CPU 座虚焊，此时可以将主板放在 BAG 焊台或锡炉上，针对北桥芯片或 CPU 插座的底部位置加热。

对于因 BIOS 程序丢失而引起开机无显示的情况，可以将 BIOS 芯片取下来，上网下载

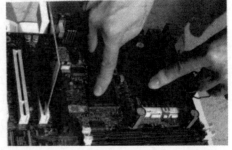

图 10-12　用手压北桥芯片和 CPU 插座

一个与主板型号相符的 BIOS 程序，然后使用编程器重新写入。

下面介绍开机无显示的检修流程图，如图 10-13 所示。

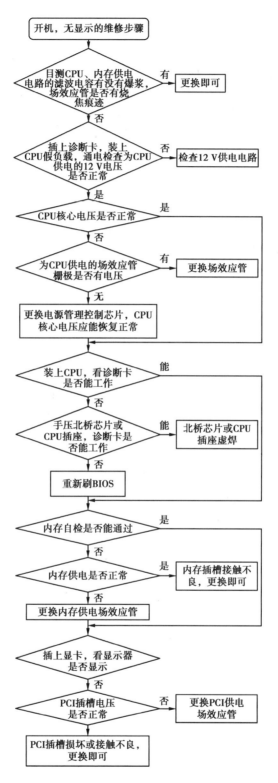

图 10-13 开机无显示的检修流程

第二节　不开机

主板不开机，通常称为"不触发"或"不加电"。主板不触发在维修中是比较常见的，只要掌握了主板的工作原理和主板的触发流程，就很容易判断是哪个地方出了问题，就能快速地进行维修了。

主板不触发的维修步骤如下。

第一步：

查看主板的 CMOS 跳线是否正常。主板上一般都会印有 CMOS 跳线设置表。跳线跳反或无跳线，都会造成不触发。

第二步：

检测 CMOS 跳线是否有电压，如没有，检查电池是否有电压，以及检查电池座正极至 CMOS 跳线之间是否断路。

第三步：

用手触摸南桥芯片，如果有微热，则是因南桥芯片内部短路损坏造成不触发。因为这时的南桥芯片只有 5 V 的待命电压进入内部触发电路以及 3.3 V 的电压进入内部 CMOS 存储电路和振荡电路，此时南桥芯片的功耗很小，不会发出热量。

第四步：

接下来检测主板上 Power 开关的电压是否正常（3.3 V 或 5 V）。

如果 Power 开关没有电压，检查电源插座第 9 脚至 Power 开关之间的电路是否有断线或元件损坏，如有断线或元件损坏，修复后应能正常触发。

第五步：

如果 Power 开关电压正常，但还是不能正常触发，应接着用示波器检测南桥芯片的晶振是否起振（晶振任一脚应有 32.768 kHz 的正弦波输出）。在没有示波器的情况下，可以用万用表测量晶振的电压差。如果测出电压在 0.2 V 以上，可以粗略地判断晶振能够起振，但不是很准确，最好的方法还是用示波器测起振波形。

如果晶振不起振，有可能是晶振或与晶振相连的谐振电容损坏。对于这种故障的维修，通常是直接更换晶振和谐振电容，经过这些处理，基本上能解决问题。

第六步：

经过检测，南桥芯片的晶振正常起振，但还是不能正常触发时，再检查 Power 开关至南桥和 I/O 芯片之间的电路是否断路或是否有元件损坏，如有，修补线路或更换元件即可。

第七步：

在 Power 开关至南桥和 I/O 芯片之间的线路正常，但还是不能正常触发时，就要检测主板电源插座的第 14 脚至南桥或 I/O 芯片之间的电路是否断路或有无元件损坏。主板电源插座的第 14 脚也就是和电源插头绿色线相连的引脚。

从主板的开机原理可以知道：开机触发电路有触发信号输入后，通过南桥或 I/O 芯片将第 14 脚电压拉低，使得 ATX 电源开始工作，输出各组电压和 PG 信号。

第八步：

在主板电源插座的第 14 脚至南桥芯片或 I/O 芯片之间的电路完好的情况下，就要考虑是否是南桥或 I/O 芯片损坏。可以使用替换法来替换 I/O 芯片。如更换 I/O 芯片后还是不能正常触发，则南桥芯片损坏的可能性较大。

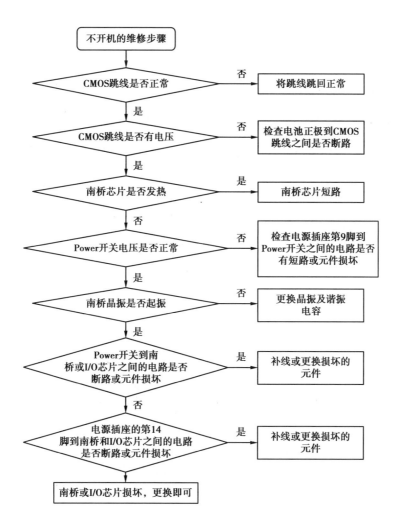

图 10-14　不开机的检修流程

在不开机的维修过程中，发现经常损坏的元件有：与电源插座第 14 脚连接的三极管，与触发电路相关的门电路芯片，电源插座第 9 脚至南桥芯片之间的 1117 低压差线性稳压器、三极管和二极管，也有些是拆装机过程中损坏的线路，常为断线。

下面介绍不开机的检修流程图，如图 10-14 所示。

第三节　死机

一、死机原因

计算机死机现象包括无法启动系统，画面"定格"无反应，鼠标、键盘无法输入，软件运行非正常中断等。尽管造成死机的原因是多方面的，但是万变不离其宗，其原因永远也脱离不了硬件与软件两方面。

1. 散热

显示器、电源和 CPU 在工作中发热量非常大，因此保持良好的通风状况非常重要，如果显示器过热将会导致色彩、图像失真甚至缩短显示器寿命。工作时间太长也会导致电源或显示器散热不畅而造成计算机死机。CPU 的散热是关系到计算机运行稳定性的重要问题，也是散热故障发生的"重灾区"。

2. 设备不匹配

如主板主频和 CPU 主频不匹配，老主板超频时将外频定得太高，可能就不能保证运行的稳定性，因而导致频繁死机。

3. 供电不足

在应用中，计算机部件一旦供电不足，会导致该部件停止工作从而产生蓝屏死机现象。引起该现象的主要原因有：电源功率不足，电源品质不佳，外部电压不足等。

4. 内存条故障

主要是内存条松动、虚焊或内存芯片本身质量所致。应根据具体情况排除内存条接触故障，如果是内存条质量存在问题，则需更换内存才能解决问题。

5. 硬盘故障

主要是硬盘老化或由于使用不当造成坏道、坏扇区。这样机器在运行时就很容易发生死机。可以用专用工具软件来进行排障处理，如损坏严重则只能更换硬盘了。另外对于不支持 UDMA 66/100 的主板，应注意 CMOS 中硬盘运行方式的设定。

6. CPU 超频

超频提高了 CPU 的工作频率，同时，也可能使其性能变得不稳定。究其原因，CPU 在内存中存取数据的速度本来就快于内存与硬盘交换数据的速度，超频使这种矛盾更加突出，加剧了在内存或虚拟内存中找不到所需数据的情况，这样就会出现"异常错误"。解决办法当然也比较简单，就是让 CPU 回到正常的频率上。

7. 劣质零部件

少数不法商人在给顾客组装兼容机时，使用质量低劣的板卡、内存，有的甚至出售冒牌主板和翻新过的 CPU、内存，这样的机器在运行时很不稳定，发生死机在所难免。因此，用户购机时应该警惕，并可以用一些较新的工具软件测试计算机，长时间连续考机（如 72 小时），以及争取尽量长的保修时间等。

8. 病毒感染

病毒可以使计算机工作效率急剧下降，造成频繁死机。这时，需用杀毒软件如 360 安全卫士、金山毒霸、腾讯电脑管家等来进行全面查毒、杀毒，并做到定时升级杀毒软件。

9. CMOS 设置不当

该故障现象很普遍，如硬盘参数、模式、内存参数等设置不当从而导致计算机无法启动。如将无 ECC 功能的内存设置为具有 ECC 功能，这样就会因内存错误而造成死机。

10. 系统文件误删

由于 Windows 9X 启动需要有 Io.sys、Msdos.sys 等文件，如果这些文件遭到破坏或被误删除，即使在 CMOS 中各种硬件设置正确无误也无济于事。解决方法：使用同版本操作系统的启动盘启动计算机，然后键入"SYS C："，重新传送系统文件即可。

11. 初始文件破坏

由于 Windows 9X 启动需要读取 System.ini、Win.ini 和注册表文件，如果存在 Config.sys、Autoexec.bat 文件，这两个文件也会被读取。只要这些文件中存在错误信息都可能出现死机，特别是 System.ini、Win.ini、User.dat、System.dat 这 4 个文件尤为重要。

12. BIOS 升级失败

应备份 BIOS 以防文件遭破坏或被误删除，但如果系统需要对 BIOS 进行升级，那么在升级之前最好确定 BIOS 版本是否与 PC 符合。如果 BIOS 升级不正确或者在升级的过程中出现意外断电，那么系统可能无法启动。所以在升级 BIOS 前千万要搞清楚 BIOS 的型号。如果 BIOS 升级工具可以对当前 BIOS 进行备份，那么请把以前的 BIOS 在硬盘中复制一份。同时看系统是否支持 BIOS 恢复，并且还要懂得如何恢复。

13. 软件升级不当

大多数人可能认为软件升级是不会有问题的，事实上，软件在升级过程中都会对其中共享的一些组件进行升级，但是其他程序可能不支持升级后的组件从而导致各种问题。

14. 非法卸载软件

不要把软件安装所在的目录直接删掉，如果直接删掉，注册表以及 Windows 目录中会存在很多垃圾，久而久之，系统也会变得不稳定而引起死机。

15. 启动程序太多

启动程序太多会使系统资源消耗殆尽，从而使个别程序需要的数据在内存或虚拟内存中找不到，也会出现异常错误。

16. 非法操作

用非法格式或参数非法打开或释放有关程序，也会导致计算机死机。请注意要牢记正确格式和相关参数，不随意打开和释放不熟悉的程序。

17. 非正常关闭

不要直接使用机箱中的电源按钮，否则会造成系统文件损坏或丢失，引起自动启动或者运行中死机。对 Windows 系统来说，这点非常重要，如果严重会引起系统崩溃。

18. 主板显卡故障

主板 CPU 周围或显卡上的滤波电容故障会导致 CPU 的供电电源质量下降而使显卡工作不稳定，在刚开机时电源纹波系数太大，无法通过自检而导致计算机死机，但在第二次启动时，由于第一次的充电恢复过程，电容能够提供相对比较稳定的电源，因此主机能够顺利启动并进入 Windows 操作系统。这种故障会越来越严重，直到计算机彻底无法启动。

二、计算机主机死机的具体解决方法

①在同一个硬盘上安装太多的操作系统会引起系统死机。

②CPU、显卡等配件不要超频过高，要注意温度；否则，在启动或运行时会莫名其妙地重启或死机。

③在更换计算机配件时，一定要插好，因为配件接触不良会引起系统死机。

④BIOS 设置要恰当，虽然建议将 BIOS 设置为最优，但所谓最优并不是最好的，有时最优的设置反倒会出现自动启动或者运行死机现象。

⑤最好配备稳压电源，以免电压不稳引起死机。

⑥在应用软件未正常结束时，别关闭电源；否则会造成系统文件损坏或丢失，引起自动启动或者运行中死机。

⑦在卸载软件时，不要删除共享文件，因为某些共享文件可能被系统或者其他程序使用，一旦删除这些文件，会使应用软件无法启动而死机，或者出现系统运行死机。

⑧设置硬件设备时，最好检查有无保留中断号（irq），不要让其他设备使用该中断号；否则引起 irq 冲突，从而引起系统死机。

⑨在加载某些软件时，要注意先后次序，由于有些软件编程不规范，在运行时不能排在第一，而要放在最后运行，这样才不会引起系统管理的混乱。

⑩在运行大型应用软件时，不要在运行状态下退出以前运行的程序，否则会引起整个 Windows 操作系统死机。

⑪用杀毒软件检查硬盘期间，不要运行其他的应用程序，以防止系统死机。

⑫定期清理计算机的软件垃圾和清洁计算机硬件以及散热风扇的灰尘。

第四节　重启

一、软件方面

①病毒"冲击波"：病毒发作时还会提示系统将在 60 s 后自动启动。木马程序从远程控制计算机的一切活动，包括让计算机重新启动。清除病毒、木马，或重装系统。

②系统文件损坏：系统文件被破坏，如 Windows 2000 下的 KERNEL32.DLL，Win98 FONTS 目录下面的字体等，系统运行时基本的文件被破坏，系统在启动时会因此无法完成初始化而被强迫重新启动。

解决方法：覆盖安装或重新安装。

③定时软件或计划任务软件起作用：如果你在"计划任务栏"里设置了重新启动或加载某些工作程序时，当定时时刻到来时，计算机也会再次启动。对于这种情况，可以打开"启动"项，检查里面有没有自己不熟悉的执行文件或其他定时工作程序，将其屏蔽后再开机检查。当然，也可以在"运行"里面直接输入"Msconfig"命令选择启动项。

二、硬件方面

（1）机箱电源功率不足、直流输出不纯、动态反应迟钝。

用户或装机商往往不重视电源，采用价格便宜的电源，因此是引起系统自动重启的最大原因之一。

①电源输出功率不足，当运行大型的 3D 游戏等占用 CPU 资源较大的软件、CPU 需要大功率供电时，电源功率不够而超载引起电源保护，停止输出。电源停止输出后，负载减轻，此时电源再次启动。由于保护／恢复的时间很短，所以表现为主机自动重启。

②电源直流输出不纯，数字电路要求纯直流供电，当电源的直流输出中谐波含量过大，就会导致数字电路工作出错，表现是经常性死机或重启。

③CPU 的工作负载是动态的，对电流的要求也是动态的，而且要求动态反应迅速。有些品质差的电源动态反应时间长，也会导致经常性死机或重启。

④更新设备（高端显卡／大硬盘／视频卡），增加设备（刻录机／硬盘）后，功率超出原配电源的额定输出功率，就会导致经常性死机或重启。

解决方法：更换高质量大功率计算机电源。

（2）内存热稳定性不良、芯片损坏或者设置错误，内存出现问题导致系统重启的概率相对较大。

①内存热稳定性不良，开机可以正常工作，当内存温度升高到一定温度时，就不能正常工作，导致死机或重启。

②内存芯片轻微损坏时，开机可以通过自检（设置快速启动不全面检测内存），也可以进入正常的桌面进行正常操作，当运行一些 I/O 吞吐量大的软件（媒体播放、游戏、平面 /3D 绘图）时就会重启或死机。

解决办法：更换内存。

③把内存的 CAS 值设置得太小也会导致内存不稳定，造成系统自动重启。一般采用 BIOS 的缺省设置，不要自己改动。

（3）CPU 的温度过高或者缓存损坏。

①CPU 温度过高常常会引起保护性自动重启。温度过高的原因基本上是机箱、CPU 散热不良。CPU 散热不良的原因有：散热器的材质导热率低，散热器与 CPU 接触面之间有异物（多为质保帖），风扇转速低，风扇和散热器积尘太多，等等。还有 P2/P3 主板 CPU 下面的测温探头损坏或 P4 CPU 内部的测温电路损坏，主板上的 BIOS 有漏洞在某一特殊条件下测温不准，CMOS 中设置的 CPU 保护温度过低等也会引起保护性重启。

②CPU 内部的一、二级缓存损坏是 CPU 常见的故障。损坏程度轻的，还是可以启动，可以进入正常的桌面进行正常操作，当运行一些 I/O 吞吐量大的软件（媒体播放、游戏、平面 /3D 绘图）时就会重启或死机。

解决办法：在 CMOS 中屏蔽二级缓存（L2）或一级缓存（L1），或更换 CPU 排除故障。

（4）AGP 显卡、PCI 卡（网卡、猫）引起的自动重启。

①外接卡做工不标准或品质不良，引发 AGP/PCI 总线的 RESET 信号误动作导致系统重启。

②还有显卡、网卡松动引起系统重启的事例。

（5）并口、串口、USB 接口接入有故障或不兼容的外部设备时自动重启。

①外设有故障或不兼容，比如打印机的并口损坏，某一脚对地短路，USB 设备损坏对地短路，针脚定义、信号电平不兼容等。

②热插拔外部设备时，抖动过大，引起信号或电源瞬间短路。

（6）光驱内部电路或芯片损坏光驱损坏，大部分表现是不能读盘 / 刻盘。也有因为内部电路或芯片损坏导致主机在工作过程中突然重启。光驱本身的设计不良，驱动程序有漏洞，也会在读取光盘时引起重启。

（7）机箱前面板 RESET 开关问题。

机箱前面板 RESET 键实际是一个常开开关，主板上的 RESET 信号是 5 V 电平信号，连接到 RESET 开关。在开关闭合的瞬间，5 V 电平对地导通，信号电平降为 0 V，触发系统复位重启，RESET 开关回到常开位置，此时 RESET 信号恢复到 5 V 电平。如果 RESET 键损坏，开关始终处于闭合位置，RESET 信号一直是 0 V，系统就无法加电自检。当 RESET 开关弹性减弱，按钮按下去不易弹起时，就会出现开关稍有振动就易于闭合，从而导致系统复位重启。还有机箱内的 RESET 开关引线短路，导致主机自动重启。

解决办法：更换 RESET 开关。

（8）主板故障主板导致自动重启的事例很少见。

一般是与 RESET 相关的电路有故障；插座、插槽有虚焊，接触不良；个别芯片、电容等元件损坏。

三、其他原因

（1）市电电压不稳。

①计算机的开关电源工作电压范围一般为170～240 V，当市电电压低于170 V时，计算机就会自动重启或关机。

解决方法：加稳压器（不是 UPS）或 130～260 V 的宽幅开关电源。

②计算机和空调、冰箱等大功耗电器共用一个插线板的话，在这些电器启动的时候，供给计算机的电压就会受到很大的影响，往往就表现为系统重启。

解决办法：把计算机和其他大功率电器的供电线路分开。

（2）强磁干扰。

不要小看电磁干扰，许多时候的计算机死机和重启也是由干扰造成的，这些干扰既有来自机箱内部的 CPU 风扇、机箱风扇、显卡风扇、显卡、主板、硬盘的干扰，也有来自外部的动力线，如变频空调甚至汽车等大型设备的干扰。如果计算机的抗干扰性能差或屏蔽不良，就会出现意外重启或频繁死机的现象。

（3）交流供电线路接错。

有的用户把供电线的零线直接接地（不走电表的零线），导致自动重启，原因是从地线引入了干扰信号。

（4）插排或电源插座的质量差，接触不良。

电源插座在使用一段时间后，簧片的弹性慢慢丧失，导致插头和簧片之间接触不良、电阻不断变化，电流随之起伏，系统自然会很不稳定，一旦电流达不到系统运行的最低要求，计算机就重启了。

解决办法：购买质量过关的好插座。

（5）积尘太多。

积尘太多会导致主板 RESET 线路短路引起自动重启。

第五节 蓝屏

计算机蓝屏，是指微软 Windows 操作系统在无法从一个系统错误中恢复过来时所显示的蓝底白字的屏幕图像，如图 10-15 所示。蓝屏，英文名称 BSOD。从专业的角度讲，这一术语被定义为"当 Microsoft Windows 崩溃或停止执行（由于灾难性的错误或者内部条件阻止系统继续运行下去）时所显示的蓝色屏幕"。

平常所说的"系统崩溃"或者"内核错误"或"停止错误"的专业术语为"程序错误检查"。

解决方法：一般情况需重装系统。重装系统步骤请参考第十一章。

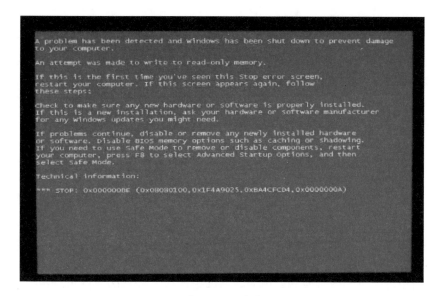

图 10-15　蓝屏

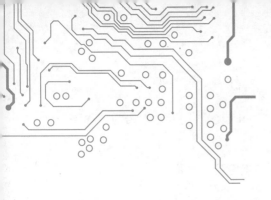

第十一章　常见故障代码维修流程

第一节　FF/00 维修流程

①开启电源。首先检查是否有电源，若无电源应立即关闭总开关并检查所有零件是否有烧毁的现象；若有电源，应用电表量测所有电源是否有短路的现象。

②量测所有主板上的晶振是否振荡，频率及振幅是否正确。

③量测主板上所有的电源（+3 V、+5 V、+12 V、–12 V、–5 V、Vcore、V_{IO}、2.5 V、1.5 V）是否正确。

④插上调试卡（Debug Card），检查所有地址（Address）、数据（Data）是否送出。

⑤若发现只有 Address，应检查 BIOS 是否为空烧。

⑥若更换 BIOS 后仍无法工作，应检查是否收到 BIOS 的 Address。

⑦若 Address 正确，应检查片选信号（电压跳变）BIOS CS 是否动作。

⑧若 BIOS CS 有动作，应检查存储器读取信号（Memory Read）是否动作。

⑨有时 BIOS 电源未输入（Input）也会造成无法工作，所以在检查所有信号前必须确认该零件的电源没有问题，且电压均正常。

⑩量测时钟（Clock），原因是计算机是序向逻辑的架构，芯片组之间要沟通必须由时钟来加以同步，所以若系统中没有时钟，则表示芯片组和 CPU 之间，或芯片组与芯片组之间无法同步，资料将无法传输。

⑪电源是电路中不可缺少的一部分，若不良主板中任一电源未输入，必须设法让

所有电源到主板均有输入。

⑫BIOS 在主板中扮演重要角色。BIOS 中存储的数据为一些程序及数据的组合，提供系统在开机前的一些基本测试及基本芯片初始化的动作。就 Award BIOS 而言，系统启动前的第一条数据 EA 5B E0 00 F0 是一条长程跳跃指令（JMP F000：E05B）。就其他 BIOS 而言，系统启动前的第一条数据一定是"EA"开头的信号，与 Award BIOS 的区别仅在于地址不同。BIOS 在系统上也是内存的一部分，所以在 BIOS 读不到数据时必须检查所有接到 BIOS 的地址和数据是否有断线或短路的现象。此外，一些控制信号也要进行检查。这是因为若控制信号无法发出，即使地址正确，BIOS 也不会将数据传输到数据总线上。因此，若发现一连串的数据均为 00 或 FF，应注意可能是控制存在问题。

⑬Intel 公司开发的 BIOS 元件 FWH（Firmware Hub），它的功能较多，且需要时钟才会工作。所以，在维修前必须先检查是否有时钟芯片，再更换零件。FWH 元件有两个复位 Reset 信号，即 RST # 和 Init#。这两个信号必须正常 FWH 才会动作。另外，IC（Interface configuration PIN）信号必须在 RST# 动作前设定完毕。因此，主板有两种动作模式，一种模式是 FWH，就是主板目前默认的动作；另一种模式称为 A/A MUX，供烧录使用。

第二节　C1/28 维修流程

①若插上双列直插式存储模块（Dual In-line Memory Module，DIMM）发现 Debug 停在 C1/28，即 BIOS 在检查存储器时有问题产生无法进入下一个流程。

②此时应将每个 DIMM 接口都插上存储器模块（Memory Module），完成后再次开机检查状况。

③将所有 Memory Module 全部移除，再分别给每个 DIMM 接口插上 Memory Module，检查是否存在可以工作的插槽。若存在，则必须检查所有无法工作的 DIMM 接口的信号。

④检查 DIMM 接口无法工作的流程：先检查每个 DIMM 的时钟是否正确，电压、频率是否正确。另外，应检查每个 DIMM 的时钟数量是否正确。

⑤存储器的架构采用阵列方式排列，所以 MA 是其地址，在要读取或写入资料之前会送出行地址及列地址。DIMM 以 CAS、RAS 为准来区分行地址与列地址。所以，

在维修存储器问题前可先行检查 CAS、RAS 是否动作（以示波器量测信号以确认是否动作）。用户可以一直按 RESET 键使主板重复通电自检（Power On Self Test，POST）动作，这样即可检测出信号是否动作。

⑥另外，有些主板在未插上 DIMM 时，时钟信号并不会送出，所以要检查时钟需先插上 DIMM。

第三节　05/07/0d 维修流程

一、05 维修流程

①根据错误代码（Error Code）的定义，05 表示监控器键盘（Keyboard Controller）在 BIOS 基本测试时无法通过，造成系统停在 "05"。

②维修方式为先检查键盘的中断请求（IRQ）是否正常，再检查键盘的检测电路是否正常。

二、07 维修流程

①07 表示 BIOS 正在检查 CMOS 是否正常，以及检测电池（Battery）是否正常。

②对于此类主板可先检查其电池是否正常。

③另外也要检查 CMOS IC 是否正常。需要注意的是，有部分主板 CMOS IC 是外接的芯片组，如 ALI 系列芯片组。

④有些主板的 CMOS 整合在南桥或 ICH 中，所以在维修时要注意是否为芯片组故障。

⑤主板大多将实时时钟芯片（Real-Time Clock，RTC）内建于芯片组中，故在芯片组周围会有一颗频率为 32.768 kHz 的筒状 X-TAL（即外部晶振）。这个晶振用于提供主板 RTC 线路的时基，以使主板的实时时钟线路可以准确工作。

三、0d 维修流程

①0d 是 BIOS 在检测 VGA 卡（即显卡）是否存在的一段程序，BIOS 会在这段时

间检查所有插槽是否插上显卡。

②一般而言，要检测显卡是否存在，必须先了解显卡插在哪个插槽。就目前主板来讲，显卡均插在 AGP 插槽中。所以，在维修时应先检查 AGP 插槽的插脚是否均存在，有无缺少插脚的情况。

③在确定没有缺少插脚后，应量测 AGP 的时钟信号是否正常，以及 AGP 插槽的 VCC 电压（+12 V、+3 V、+5 V）是否正常。

④若 VGA 是板载的，则 VGA BIOS 是和主板合并在一起的，可以先更换 BIOS 再检查是否可以开机。

⑤VGA 类型取决于 CMOS 中 VGA 类型的设定，一般设定为 VGA/EGA 即彩色影像卡。若 CMOS 内容出错也可能造成 VGA 无法动作。此时，可以清除 CMOS 查看 VGA 是否正常。

注意：在遇到 05/07/0d 的问题时，也要兼顾 I/O 芯片组，通常情况下用温度判断就可以。

第四节　3D/4E 维修流程

一、3D 维修流程

①目前仍有部分鼠标（mouse）使用的是 PS/2 接口，也就是和键盘共享一个控制器，所以若是系统宕在 3D，可能是在初始化 PS/2 鼠标时出现了问题。此时，可以量测 IRQ 12，因为一般鼠标使用这个 IRQ，可以先检查这个 IRQ 是否存在问题。

②另外，鼠标的部分问题与键盘的维修方式类似，区别只是地址不同。

二、4E 维修流程

①一般 4E 是 BIOS 显示错误信息的时机，若系统宕在 4E 会有两种不同的状况，第一种是没有画面，此时必须检查显卡是否插好；第二种状况是键盘无法动作，此时必须检查键盘是否可以正常工作。

②在 05 时已经检查过键盘，为什么在 4E 时要再检查一次呢？其实若系统未宕在

05 表示在初始化键盘控制器时并未发生问题。因此，有可能是键盘控制器和键盘间无法工作，将造成键盘无法动作。

③ BIOS 在 05 阶段只是做初始化工作，有些信号在初始化过程中无法检查出问题，只有在实际应用时才会出现问题。

④打开线路图会发现键盘控制器和外部键盘的沟通信号只有 5 个，排除 VCC 及 GND，剩下 3 个中有一个插脚是 NC 脚，所以实际上应用的插脚只有 KBDATA、KBCLK 两个信号。

⑤键盘是以串列方式和主板沟通，KBDATA 用于传送数据，KBCLK 用于同步。注意：为了节省空间及成本，主板上的部分应用在某些低速的场合以串列的方式来进行沟通，如 SMBUS。

⑥键盘内部其实也有一个键盘控制器，除与主板沟通外，其也进行键盘按钮的检测及译码工作。所以电源及 GND 在维修键盘时也是一个重要的检查点。

第五节　不认硬盘／光驱维修流程

①一般而言，在 Debug 显示 "FF" 时表示 POST 基本测试已经完成。BIOS 此时会把系统控制权交给操作系统（Operating System，OS，如 Windows、Linux、UNIX、MS-DOS、OS/2 等）。在把控制权交给 OS 之前，必须先将 OS 下载到主存储器中。所以 BIOS 会先读取硬盘驱动器（Hard Disk Drive，HDD）或 Floppy 的第 0 轨的资料，进而启动整个作业系统。

②在开机时若 BIOS 找不到 HDD，或软驱中没有任何磁盘，则计算机会停止运行，并显示错误信息。因为测试线使用 HDD Boot，所以一般需要先检查 HDD 是否存在问题。一般来说，若 BIOS 使用 Award，则可以利用 CMOS 菜单（一般按 Delete 键进入）找到 HDD Auto Detect 功能，它可以协助用户确认 BIOS 是否无法找到 HDD。若是，表示 IDE 的界面有问题，此时必须找出线路图上所有的 IDE 信号。在主板上有两个 40 脚的排针，一个是 Primary IDE，另一个为 Secondary IDE，可以尝试将 HDD 插在另一个排针上，并再执行一次 HDD Auto Detect 功能。若此时可以找到 HDD，表示主要是 IDE 界面的问题。若仍然无法找到 HDD，则需要确定所有信号都正常后再进行检查。另外，也可以在进入 CMOS 菜单后先检查 HDD 的功能是否被设置为 Disable，因为有些主板存在由于 BIOS 的漏洞而关闭此功能的可能。所以，若遇到这类故障主板，有时可以通过

清除 CMOS 来解决问题。

③有时 No Boot 并不是 IDE 找不到而是 BIOS 在下载 OS 时宕机。对于主板有 L2 Cache（高速缓冲存储器）的机种，可以将 L2 Cache 关闭，若能够解决问题，则可以从 Cache 入手维修。若为主板没有 Cache 的机种，牵涉的层面较广，这里不再讨论。另外，若电压有噪声也可能造成系统宕机。在维修时需要检查时钟芯片，因为时钟芯片不够干净也可能造成系统宕机。

④一般而言，主板上都有一颗 Cache 控制器（一般是北桥），可以检查线路上与此芯片组连接的信号是否有开路或短路的问题。

第六节　BIOS 自检报错信息

计算机在启动时，主板 BIOS 会对所有硬件设置进行自检，一旦发生错误或故障，BIOS 除发出响铃外，还会在显示屏幕上提示出错信息。下面归纳一部分常见的出错信息。

①BIOS ROM checksum error–System halted.

翻译：BIOS 信息在进行总和检查（checksum）时发现错误，因此无法开机。

解析：此种情况通常是 BIOS 信息刷新不完全造成的。

②CMOS battery failed.

翻译：CMOS 电池失效。

解析：这表示 CMOS 电池的电力已经不足，需要更换电池。

③CMOS checksum error–Defaults loaded.

翻译：CMOS 执行总和检查时发现错误，因此载入预设的系统设定值。

解析：通常这种情况是电池电力不足造成的，因此建议先更换电池。如果此情形依然存在，则可能是 CMOS RAM 有问题，此时需要返厂处理。

④Display switch is set incorrectly.

翻译：显示开关配置错误。

解析：较旧型的主板上有跳线可设定屏幕为单色或彩色，而此信息表示主板上的设定和 BIOS 中的设定不一致，所以只要判断主板和 BIOS 哪个设定正确，然后更改错误的设定即可。

⑤Press ESC to skip memory test.

翻译：在内存测试中，可按下 Esc 键略过。

解析：如果在 BIOS 内并没有设定快速测试，那么开机就会执行计算机零件测试，如果不想等待，可按 Esc 键略过或到 BIOS 内开启 Quick Power On Self Test 功能。

⑥Hard Disk initizlizing 【Please wait a moment...】.

翻译：正在对硬盘做初始化（initizlize）操作。

解析：这种信息在较新的硬盘上是看不到的。但在较旧型的硬盘上，其动作较慢，所以就会看到这个信息。

⑦Hard disk install fallure.

翻译：硬盘安装失败。

解析：先检查硬盘的电源线、硬盘线是否安装妥当，或硬盘跳线是否设错（如两台都设为主盘或从盘）。

⑧Primary master hard disk fail.

翻译：POST 检测到 Primary master IDE 硬盘有错误。

解析：遇到这种情况，应先检查硬盘的电源线、硬盘线是否安装妥当，或硬盘跳线是否设错（如两台都设为主盘或从盘）。

⑨Primary slave hard disk fail.

翻译：POST 检测到 Primary slave IDE 硬盘有错误。

解析：遇到这种情况，应先检查硬盘的电源线、硬盘线是否安装妥当，或硬盘跳线是否设错（如两台都设为主盘或从盘）。

⑩Secondary master hard fail.

翻译：POST 检测到 Secondary master IDE 硬盘有错误。

解析：遇到这种情况，应先检查硬盘的电源线、硬盘线是否安装妥当，或硬盘跳线是否设错（如两台都设为主盘或从盘）。

⑪Secondary slave hard fail.

翻译：POST 检测到 Secondary slave IDE 硬盘有错误。

解析：遇到这种情况，应先检查硬盘的电源线、硬盘线是否安装妥当，或硬盘跳线是否设错（如两台都设为主盘或从盘）。

⑫Hard disk（s）disagnosis fail.

翻译：执行硬盘诊断时发生错误。

解析:这种信息通常代表硬盘本身故障,可以先把这颗硬盘接到其他计算机上测试,如果存在同样的问题，则需要返厂维修。

⑬Keyboard error or no keyboard present.

翻译：此信息表示无法启动键盘。

解析：检查键盘连接线是否插好，若没有，将其插好即可。

⑭Memory test fail.

翻译：内存测试失败。

解析：通常这种情形是内存不兼容或故障导致的，应先以每次开机一条内存的方式分批测试，找出故障的内存，将其取出或送修即可。

⑮Override enable–Defualts loaded.

翻译：CMOS 组态设定如果无法启动系统，则载入 BIOS 预设值以启动系统。

解析：出现这种情况可能是因为 BIOS 内的设定并不适合计算机，进入 BIOS 设定画面以稳定优先对设定进行调整即可。

⑯Press TAB to show POST screen.

翻译：按 Tab 键可以切换屏幕显示。

解析：有些 OEM 厂商会以自己设计的显示画面来取代 BIOS 预设的 POST 显示画面，而此信息就是要通知使用者可按 Tab 键将厂商的自设画面和 BIOS 预设的 POST 画面进行切换。

参考文献

［1］程勇，方万春．数字电子技术基础［M］．北京：北京邮电大学出版社，2013.

［2］曾祥富，邓朝平．电工技能与实训［M］．北京：高等教育出版社，2011.

［3］童诗白，华成英．模拟电子技术基础［M］.5版．北京：高等教育出版社，2015.

［4］刘瑞新，吴丰．计算机组装、维护与维修教程［M］.2版．北京：机械工业出版社，2016.

［5］于景辉．计算机组装与维修 学习指导与练习［M］.3版．北京：电子工业出版社，2015.

［6］李鹏．数字电子技术及应用项目教程［M］．北京：电子工业出版社，2016.

［7］全惠华．电脑主板维修技术［M］．北京：航空工业出版社，2010.

［8］王红军．电脑组装与维修从入门到精通［M］.2版．北京：机械工业出版社，2020.